U0270168

交通荷载下路基软土动应力累积及塑性应变累积特性研究

廖化荣　编著

上海交通大學 出版社
SHANGHAI JIAO TONG UNIVERSITY PRESS

内容提要

本书由绪论、模型模拟试验及原型监测试验方案设计、交通荷载下路基软土动应力及塑性应变累积特性、主应力轴旋转时路基软土的动应力累积方程、基于安定理论的软土双屈服面等价粘塑性模型、结论与展望等部分组成。全书通过不同循环加载条件下的模型模拟试验、现场原型监测试验及理论分析，研究在交通荷载条件下，主应力轴旋转时路基软土的动应力、超静孔隙水压力和塑性应变的累积特性及发展规律，探讨路基软土在循环动荷载下产生累积特性的原因和主要影响因素。本研究将进一步丰富土动力学理论，可为预测交通荷载下路基软土的动应力累积量、塑性应变累积量及永久变形提供依据，并为路面结构的设计和施工、更好地解决路基软土病害问题提供理论基础。

图书在版编目（CIP）数据

交通荷载下路基软土动应力累积及塑性应变累积特性
研究 / 廖化荣编著 . －－ 上海 : 上海交通大学出版社，
2018

ISBN 978-7-313-20550-6

Ⅰ . ①交… Ⅱ . ①廖… Ⅲ . ①软土地基－研究 Ⅳ .
① TU471

中国版本图书馆 CIP 数据核字 (2018) 第 280798 号

交通荷载下路基软土动应力累积及塑性应变累积特性研究

编　　著：廖化荣

出版发行：上海交通大学出版社 　　　　地　　址：上海市番禺路 951 号
邮政编码：200030 　　　　　　　　　　电　　话：021-64071208
出 版 人：谈　毅
印　　制：定州启航印刷有限公司 　　　　经　　销：全国新华书店
开　　本：710×1000mm 1/16 　　　　　印　　张：13
字　　数：235 千字
版　　次：2018 年 12 月第 1 版 　　　　　印　　次：2018 年 12 月第 1 次印刷
书　　号：ISBN 978-7-313-20550-6/TU
定　　价：49.00 元

前　言

　　长期交通荷载作用下，在路基中将产生动附加应力（以下简称"动应力"）、超静孔隙水压力及塑性变形的累积效应，造成路基土软化，导致路面结构破坏。至今仍缺乏一个合理的方式用来确定交通荷载下路基中累积的动应力以及塑性应变。如能定量分析动应力累积特性及塑性应变累积特性，就能预控路基病害的产生和发展，最终提高路面设计与管理的效能。

　　本书通过不同循环加载条件下的模型模拟试验、现场原型监测试验及理论分析，研究在交通荷载条件下，主应力轴旋转时路基软土的动应力、超静孔隙水压力和塑性应变的累积特性及发展规律，探讨路基软土在循环动荷载下产生累积特性的原因和主要影响因素。基于广义塑性位势理论中的应力增量方程及有效应力原理，根据孔隙水压力系数，结合试验拟合参数，建立了交通荷载下主应力轴旋转时路基软土中的动应力累积方程；并应用广义塑性位势理论和双屈服面理论，借助安定（shakedown）理论及等价粘塑性理论，结合试验拟合方程及拟合参数，建立了主应力轴旋转条件下基于安定理论的双屈服面等价粘塑性本构模型，用于预测路基软土累积的塑性应变。

　　本书主要包括以下几方面的研究成果：

　　（1）通过模型模拟试验及原型监测试验数据的分析，得出交通荷载下路基软土中动应力、孔隙水压力和塑性应变的累积特性及发展规律，探讨了影响累积特性的主要因素。

　　（2）采用安定理论，对交通荷载作用下路基土的动应力、塑性应变进行安定状态分析，确定了一个临界应力水平，判定路基土是否处于稳定状态。采用土的结构性、能量耗散及土的结构熵理论，对路基软土的累积特性、迟滞行为、弹塑性行为等进行定性分析，揭示交通荷载作用下路基土产生累积效应的机理。

　　（3）建立了循环动荷载下主应力轴旋转时路基土有效动应力累积方程。通过改进的亨开尔孔压模型及试验拟合的孔压系数，结合主应力轴的旋转总应力增量，按有效应力原理，结合试验拟合的函数，建立动应力累积方程。用 VB 程序语言编制的数值计算程序计算动应力累积量，将计算结果与现场原型实测结果及模型模拟试验结果进行对比分析。

（4）建立了循环动荷载下主应力轴旋转时路基土基于安定理论的双屈服面等价粘塑性本构模型。基于安定理论，借助双屈服面理论及等价粘塑性理论的推导，结合试验拟合函数及拟合系数，建立了交通荷载下主应力轴旋转时路基软土双屈服面等价粘塑性本构模型。最后利用VB程序语言编制数值计算程序对塑性应变累积量进行计算，将计算结果与开放交通后的实际路基沉降结果进行对比分析。

本书创新点有以下两点：

（1）建立了交通循环动荷载下主应力轴旋转时路基土的有效动应力累积方程。

行车荷载、加载次数、路基深度对路基土的动应力累积具有重要影响，已有的资料及研究成果显示，尚无学者将这三者结合起来分析和讨论，缺乏相关的量化研究。本书将三者结合起来，通过试验拟合曲线和拟合参数以及有效应力原理和广义塑性位势理论的增量推导，建立了主应力轴旋转时路基软土的动应力累积方程。

（2）建立了交通荷载下基于安定理论的路基软土双屈服面等价粘塑性本构模型。

模型基于动应力累积的求解方程，考虑行车荷载、加载次数、路基深度对路基土塑性应变的影响。采用双屈服面理论及广义塑性位势理论，结合安定理论和等价粘塑性理论，通过试验拟合的屈服面函数，推导并建立了交通荷载下基于安定理论的路基软土双屈服面等价粘塑性本构模型，模型反映了交通荷载下路基土的塑性应变累积特性。

本书中的研究成果将进一步丰富土动力学理论，可为预测交通荷载下路基软土的动应力累积量、塑性应变累积量及永久变形提供依据，并为路面结构的设计和施工、更好解决路基软土病害问题提供理论基础。

符号及说明

A, A'	面积；试验拟合函数；塑性系数	M_R	回弹模量
a_1, a_2, a_3	试验拟合参数	P	总压力；等效动载强度
A_h	亨开尔临界孔压系数	p	平均主应力
B, B'	试验拟合函数；塑性系数	p'	有效平均主应力
b_1, b_2, b_3	试验拟合参数	q	广义剪应力
$\{C\}$	柔度矩阵	SL	动应力水平
CSL	临界状态线	S_{ij}	偏应力张量
c, C'	粘聚力；塑性系数	u	孔隙水压力
c'	有效粘聚力	w	土的含水率
D'	塑性系数	w_L	液限含水率
$[D]$	弹性模量矩阵；刚度矩阵	w_p	塑限含水率
$d\lambda$	塑性流动规则中参数	z	深度
E	变形模量，弹性模量；变形能	α_s, α_c	模型拟合参数
E'	塑性系数	β	孔隙水压力系数
E_i	初始变形模量	γ	容重；工程剪应变
F'	塑性系数	γ_s, γ_c	土颗粒容重；模型参数
$e_{ij}, \{e\}$	偏应变张量	$\delta_{ij}, \{\delta\}$	单位张量
$f, f(\sigma_{ij})$	屈服函数	$\varepsilon_e, \varepsilon_p$	弹性和塑性应变
f_c	体积屈服函数	$\varepsilon_{ij}, \{\varepsilon\}$	应变张量
f_s	剪切屈服函数	ε_v	（广义）体应变
G	剪切模量；	θ	主应力轴旋转角度
G_s	土颗粒比重	θ_σ	应力 Lode 角
$g_{(\sigma ij)}$	塑性势函数	v	泊松比
H, h	硬化参数	σ, σ'	总应力，有效应力
I_1, I_2, I_3	第一、二、三应力不变量	$\{\sigma\}$	应力向量
I_L	液性指数	σ_d	动应力
I_p	塑性指数	σ_{dsN}	累积动应力
J_1, J_2, J_3	第一、二、三偏应力不变量	σ_{ij}	应力张量
K	体积变形模量	τ	剪应力
$[K]$	刚度矩阵	Φ, φ	势函数；直径
M	以 q'/p' 表示的临界状态线斜率	ϕ	内摩擦角
		ϕ'	有效内摩擦角

目 录
CONTENTS

第1章 绪 论

1.1 研究背景和意义

1.1.1 选题依据

交通运输是国民经济的重要命脉之一，高质量地按设计完成建设任务和长时间保证交通运输畅通有着巨大的经济效益和社会效益。交通网络在我国沿海地区（山东、长江三角洲、珠江三角洲等）尤为发达，而这些地区广泛分布着深厚的软土。由于软土具有天然含水率高、孔隙比大、高压缩性、低渗透性、低强度、呈灵敏性结构等特点[1]，在软土上修建公路（高速公路）、铁路或机场，易引起路基的强度和稳定问题。长期交通荷载反复作用下，软土路基的变形导致路面结构破坏的问题十分突出，如高速公路路面因路基下沉而开裂，因累积的塑性变形产生车辙，地铁的长期沉降等（见图1-1）。

（a） （b） （c）

图1-1 软土路基路面强度和稳定性问题

（a）路面开裂；（b）不均匀沉降；（c）车辙

　　动荷载在地基或土工建筑物上普遍存在，按荷载持时以及与时间的关系可将其分为 3 类，即循环荷载（周期荷载）、冲击荷载与不规则荷载。循环荷载是指以同一振幅和周期往复循环作用的荷载（如机械振动及一般波浪荷载）；冲击荷载是强度很大、持时很短的荷载；不规则荷载是随时间没有规律变化的荷载（如地震荷载）。路基所受的动载既有循环反复又有不规则的特性，此类荷载可称为反复变动载，但许多试验研究中也将路基荷载简化为循环荷载或反复荷载[2]。

　　典型的路面结构一般由面层（surfacing）、基层（base）、底基层（sub-base）、路基（subgrade）四部分组成（见图 1-2）。路基土对于路面结构而言，扮演着举足轻重的角色。其主要功能是承载由面层传递而下的反复荷载，并支持路面结构，作用机理如图 1-3 所示。面层直接承受车辆荷载的作用，基层及底基层将荷载分散传递到路基表面，由于面层、基层及底基层的强度和模量都比较高，所以车辆荷载作用下道路的主要病害（如路面沉降、车辙、疲劳龟裂等）大多数是由于路基的变形所引起[3]。

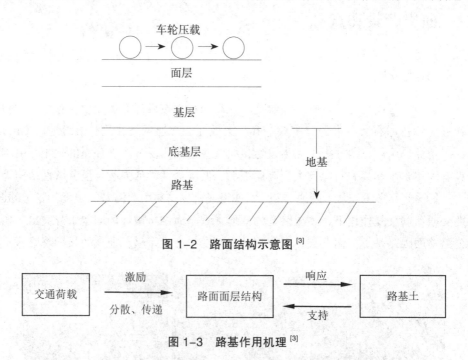

图 1-2　路面结构示意图 [3]

图 1-3　路基作用机理 [3]

　　路基土承受循环动荷载作用或受到地下水由下而上或雨水由上而下的侵入，动附加应力（以下简称"动应力"）、超静孔隙水压力及塑性变形逐渐累积，造成路基土软化，进而降低路面承载能力，且受过大的应力反复加载作用，最终使面层产生过大的车辙变形，甚至导致路基路面破坏。这种破坏形式在路面结构中主要表现为开裂和车辙。路基土的变形可以分成两部分：可恢复的弹性变形和不可恢复的塑性变形。弹性变形是回弹行为的度量；塑性变形往往导致不可恢复的永久变形的产生。当前的路面设计规程主要根据土的回弹行为，考虑土的承载特性而制定。即使在路基路面服务期限内出现动应力累积现象以及塑性变形累积导致的永久变形，这些规程还是忽略了路基土的动应力累积现象及永久变形行为，而永久变形行为是路基沉降的一个非常重要的成分 [2, 3]。

上述情况与路面结构系统所处应力状态及交通荷载下的回弹与塑性行为相关，在交通荷载作用下，主应力轴不断旋转，在路基土中发生动应力累积现象，引起动孔隙水压力的上升和累积，导致塑性应变的累积。当塑性应变累积到一定程度，将产生过大永久变形。诸如路面开裂、车辙破坏、不均匀沉降等在路面使用功能上的破坏，并非经典力学所定义的行为破坏，发生这种破坏现象是因为路面结构系统受到交通荷载的反复作用，动应力及塑性应变迅速累积，造成面层轮迹处产生过大的永久变形，进而降低路面服务性能，最终导致路面破坏，实际工程中的路面设计就是要避免此类现象的发生。然而，至今仍缺乏一个合理的方式用以确定交通荷载下路基中累积的动应力及塑性应变。因此，如果能定量分析主应力轴旋转下路基中的动应力累积特性及塑性应变累积特性，就能预控路基病害的产生和发展，提高路面设计与管理的效能。本课题正是在这种背景下提出的，它具有重要理论意义及实际意义。

1.1.2　研究目的和意义

路基土在路面结构永久变形的开始和传递过程中起着关键性的作用，直接影响路面的使用性能。因此，本书主要讨论路面结构中的路基土层，即图 1-2 中最底层的路基土（Subgrade）。

在广泛查阅了循环动荷载下土的力学行为资料，总结前人已开展研究的基础上，本书通过不同循环加载条件下的模型模拟试验、现场原型监测试验及理论分析，研究在交通荷载条件下，主应力轴旋转时路基软土的动应力、超静孔隙水压力和塑性应变的累积特性及发展规律，探讨路基软土在循环动荷载下产生累积特性的原因和主要影响因素。基于广义塑性位势理论中的应力增量方程及有效应力原理，根据孔隙水压力系数，结合试验拟合参数，建立交通荷载下主应力轴旋转时路基软土中的动应力累积方程；并应用广义塑性位势理论和双屈服面理论，借助安定（shakedown）理论及等价粘塑性理论，结合试验拟合方程及拟合参数，建立了主应力轴旋转条件下基于安定理论的双屈服面等价粘塑性本构模型，用于预测路基软土累积的塑性应变。

本书中的研究成果将进一步丰富土动力学理论，可为预测交通荷载下路基软土的动应力累积量、塑性应变累积量及永久变形提供依据，能够进一步把握路基路面结构发生破坏的各种控制因素及发育机理，避免路基软土出现过量变形，使得路面在服务年限内达到安全与经济的目的，最终为实际工程中的路面设计及日后管理、为更好解决路基软土病害问题提供理论基础。

1.2　国内外研究现状及发展动态

对路面结构的研究可以追溯到 20 世纪 30 年代，Melan 最早于 1936 年开展这方面的研究 [4]。20 世纪 70 年代初至 80 年代初开始把路基的永久变形作为路面破坏和车辙产生的重要影响因素，逐步把永久变形从总变形中分离出来，半定量地研究路基以及路面结构的永久变形行为，建立预测路面结构永久变形的本构模型，并在建立回归方程时考虑了回弹模量。1984 年，Sharp 首次把 shakedown 理论引入路面结构，用于分析路面结构的力学行为特征，为路面结构的行为分析开创了一个新领域 [5]。

相比之下，专门针对路基土在交通荷载下的应力、应变特性的研究起步相对较晚。近年来，由于高速公路大量修建，建于软土路基上的低路堤高速公路、铁路等在交通荷载作用下的沉降问题逐渐引起人们的重视，并已逐渐成为当前土木工程界的研究热点，取得了一系列的成果。现有的交通荷载或循环动荷载作用下路基土的力学行为研究主要通过室内动三轴试验或扭剪试验等开展，集中在不同加载条件（如不同围压、循环加载次数、轴差应力、频率、含水率、超固结比、土性等）和不同应力历史等条件下路基土中应力－应变关系、主应力轴旋转下土中应力－应变关系、路基土与路面层之间的动力响应、循环动荷载下土中孔隙水压力变化和发展、安定状态等方面。

1.2.1　循环动荷载下土的变形特性研究

1. 回弹及塑性行为研究

对于循环荷载下土体变形行为的研究可以追溯到 20 世纪 50 年代。Seed 研究了压缩黏土在循环荷载作用下的强度和变形的特性 [6-10]。早期的室内荷载装置原型只是机械地改变荷载，仪器的多功能性受到限制，在试验过程中不允许研究者轻易改变试验参数或者精确地测量所有数据。由于这些器械的限制，大部分变形的研究都是针对总变形。虽然有一些成果为了评价回弹，也研究回弹变形，但没有把永久变形从总变形中分离出来。这些分析仅仅能建立循环荷载和变形在定性上的关系。

路基在车辆荷载作用下，其变形机理包括两部分，一是短期的回弹变形，二是长期的永久变形（见图 1-4）。较早时期，研究者主要关心材料的回弹变形，认为路基土永久变形量的大小可归因于路基土的回弹特性。此外，路基土的刚度越大，即路基土回弹模量越高，所产生的总变形量越小，相对的塑性变形量亦越小，因而可增进路面的服务功能。理论上，回弹模量是表示所施加的轴差应力与回弹应变之间的关系，回弹模量的定义如下[13]

$$M_R = \sigma_d / \varepsilon_d \tag{1-1}$$

式中，M_R 为回弹模量；σ_d 为轴差应力，即重复施加的轴向应力；ε_d 为回弹应变。

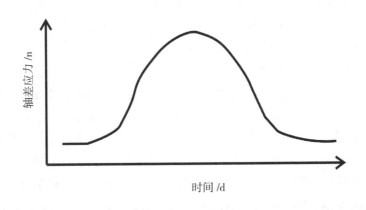

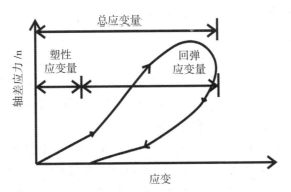

图 1-4　路基土回弹及塑性变形行为[13]

20 世纪 60 年代，许多学者对回弹模量及其与路面成效进行研究，始终未能将回弹模量实际应用于路面厚度的设计上，而是以 *GI*（Group Index，分组指数）、*CBR*、*R*（残余因数）及 *K* 值等参数评估路基土强度。以上述路基土参数与回弹模量相比，发现这些都无法模拟路基土在循环荷载作用下的行为。另外，回弹模量不仅考虑柔性路面循环荷载时的回弹现象，同时也能适度反映环境因素，使其与路面的服务状况更为吻合。基于上述理由，AI 首先在 1981 年汇总了各专家学者的意见，在第九版的 MS-1 手册中提出以回弹模量评估路基土及基底层材料强度的观念，并在 AI MS-10 中详细叙述了回弹模量试验法[11]。该方法考虑了材料的线性及非线性特性，可用于多层弹性系统的力学分析。

传统观念认为，在正常路面设计条件下，永久变形相对来说不重要，而应从本质上考虑其回弹行为。在过去的三四十年里，Robert、Elliott 和 Thompson 等诸多学者在定义路基土回弹行为方面做了大量的研究工作，定义了表征路基土回弹行为的指标——回弹模量（M_R），并将其引入 AASHTO 设计规程中关于沥青路面设计的规范[12-14]。20 世纪 50 年代末期至 60 年代初期，AASHTO 发现在柔性路面所量测的表面挠度中，有 60%～80% 是由路基土所贡献的，而路基土受车轮重复荷载时，若其压应变过大，将产生过大的塑性变形，且所产生的塑性变形将使柔性路面出现严重的车辙现象[15]。然而，回弹模量试验法由于操作过程的试验精度、设备操作及试验程序存在众多争议，经历了多次变革。AASHTO 在 1982 年出版回弹模量试验法 T274-82，并在 1986 年纳入柔性路面设计规范中，但在 1990 年取消该试验法。1992 年，重新推出修正后的回弹模量试验法 T292-91，并在 1994 年由直接引用 SHARP 的试验方式改为 T294-92 试验法[16-19]。1998 年出版最新的试验规范时，又将 T294 试验法删除，而重新以 T292 试验法作为回弹模量的标准试验方法。

对于黏性土的回弹模量，Drumm、Fredlund 等人通过研究发现，在相同的围压下，回弹模量将随轴差应力增加而降低[20,21]。在较低的轴差应力时，回弹模量会随着轴差应力的升高而迅速下降，但在高轴差应力时，下降的趋势趋于缓和。Fredlund 认为，围压在 20.7 kPa 至 41.4 kPa 时对回弹模量无明显的影响。在不同围压下，围压越大回弹模量越高，这是因为在土受剪切时，在较高围压下倾向于能抵抗试体膨胀的行为，降低轴向应变而得到较高的回弹模量等。

Muhanna 指出围压在 0 kPa 至 69 kPa 时，对于 A-6 及 A-5 土的回弹模量影响并不明显，其差异在 5% 以下。然而，当围压超过 100 kPa 以上时，回弹模量有迅速增大的现象，这可能是由于过压密造成土的强度增大所致[22,23]。Chen 和 Ping 认为，黏性土在较小围压下，对于回弹模量的影响有限；在过大围压下，回弹模量虽提高，但应力状态可能超出实际路面所处应力状态范围。粒状土处于应力状态下的行为与黏性土有所差异，粒状土的回弹模量会随着轴差应力（或第一应力变量）的升高而增大。至于加载波形方面，三角形波及正弦波对于回弹模量的影响相似，方波较能合理地模拟路面承受车轮荷载的情形[24,25]。

路基土永久变形量的大小可归结为路基土的回弹特性。路基土的强度越大，即路基土回弹模量越高，所产生的总变形量越小，相对的塑性变形量也越小。

Muhanna 曾进行过土三轴循环加载试验，对循环加载所产生的塑性变形行为进行了研究，得到以下结论：① 永久变形随着加载次数的增加而增加；② 较大的应力水平下会有较大的累积永久变形量；③ 当应力水平相同时，较高的含水量将会有较高的累积永久变形量；④ 在未产生破坏的应力水平条件下，几乎 50% 的永久变形量在最初 10 个循环里已发生[26]。

Kazuya 等人对循环荷载下软土进行了三轴排水试验研究，认为反复荷载下土体的变形由弹性应变和塑性应变组成，随着时间趋于无穷大，弹性应变趋于无穷小，总应变或最终应变等于塑性应变，最终应变由荷载增量比和反复荷载的频率所控制。提出了在循环荷载条件下土样的收敛塑性应变的预测方法，建立由交通等循环荷载产生的沉降预测模型[27]。

在 Raad 和 Zeid 的研究中，总的应变累积（ε_a）与循环荷载应力水平（q_r）以及荷载重复次数 N 是相联系的。轴应变 ε_a 定义为回弹应变和永久应变之和。极限应力水平用控制的轴向应变的变化率来表示，即 $d\varepsilon_a/dN$[28]。

钟辉虹通过对饱和软黏土进行一系列应力控制的循环三轴试验，结合各向同性弹塑性边界面模型数值模拟，研究了软黏土在不排水条件下受循环荷载作用时的累积残余变形规律，得出以下结论：① 在给定的围压和动应力水平下，随着循环次数 N 的增加，累积轴向残余应变 ε_{p1} 逐渐增大，且当动应力水平较低时，循环达到一定次数后累积轴向残余应变值趋于稳定（ε_{p1} – log$N$ 曲线趋于平缓），即试样达到塑性体变硬化；② 对于给定的循环加载次数 N，若动应力水平增大，则累积残余应变值相应增大，然而当动应力水平增大至某一量值时，土样则由塑性体变硬化转变为塑性体变软化并达到破坏状态；③ 随着循环次数 N 的增加，塑性体积应变增大（压缩），考虑到不排水循环剪切条件，即土样总体积保持不变，故可推断必有一个相应的弹性体积增加（膨胀），意味着平均有效应力在减小，进而导致不排水抗剪强度下降；④ 土样循环受剪前的应力历史对其后的受力行为有着显著的影响，具体来说，对于相同的动应力水平和循环加载次数，若剪前所受固结应力水平较高，则累积残余应变较小，反之则较大[29]。

廖化荣开展了华南地区红黏土路基循环动荷载下塑性力学行为及预测模型的研究，在不同含水量、不同轴向应力水平、不同循环加载次数以及不同加载应力路径的试验条件下，研究红黏土的塑性力学行为、迟滞行为以及应力扩散分布规律[3]。

对于加载频率，Elliott 和 Thornton 指出，回弹模量随着频率的增加而略微升高，对于黏性土及粒状土影响皆不显著[30]。至于加载波形方面，三角形波及正弦波对于回弹模量的影响相似，且以方波较能合理地模拟路面承受车轮荷载的情形 [24]。

2. 应变速率研究

现代化的仪器和先进的技术使研究成果向路基土的永久变形发展成为可能。改进的现代研究的两个主要特征是：伺服液压控制的或者伺服气压控制的加载装置以及用应变仪和线性变位量测仪（LVDTs）来量测荷载和变形。计算机技术也发展了数据采集装备，可以自动获取和记录荷载和变形数据，如控制加载的速率和固结度。

Hyde 等人用 Keuper Marl 淤泥质黏土，在蠕变荷载和反复荷载下进行了循环加荷间隔时间为 1 s 和 10 s 的试验，用以确定在循环荷载施加之间短暂的停留时间对永久变形的影响。结果表明，在应变率和时间之间可以用一个关系来反应塑性应变的累积，应变速率没有明显的变化。通过对比试验数据，认为永久变形完全可以从蠕变试验数据中预测 [31]。

Raymond 等人针对 Leda 黏土进行不同应力水准下非饱和反复荷载试验，试验结果得出，永久应变随着荷载次数增加而渐增，且以应力水准为界，永久应变明显区为 2 个类型 [32]。

蒋军的试验研究表明：① 在循环荷载作用下，黏土的应变速率随时间的增大而减小，应变速率对数与时间对数间的关系可用直线描述；② 在循环荷载作用下，加载频率越大，应变速率越大；循环应力比愈大，应变速率也愈大。应变速率对数与循环应力比间的关系可用直线描述（未破坏前）；③ 黏土的应变速率衰减率与加载频率、循环荷载应力比无关，与超固结度有关。超固结黏土的应变速率衰减要比正常固结黏土慢。黏土的应变速率活化率不随时间而变 [33]。

3. 固结沉降与固结度研究

Terzaghi 建立了饱和软土层在骤加恒载作用下的一维固结理论，用以求解土体在固结过程中任意时间的沉降 [34]。此后，Schiffman 求得荷载随时间呈线性增长情况下该问题的解 [35]；Alonso 分析了随机荷载作用下弹性黏土层的沉降 [36]；Baligh 基于 Terzaghi 的一维固结理论，对迭加原理做了非线性分析 [37]。

吴世明等人推导了以积分形式表达的任意荷载一维固结方程的通解 [38]；谢康和研究了双层及多层地基在简单变化荷载作用下的固结问题 [39]；Rahal 对因筒仓加载和卸载而产生的循环荷载下的沉降和孔隙水压进行了分析 [40]；梁旭等人对半透水边界和循环荷载同时存在的软黏土的固结问题进行了研究，利用 Laplace 变换，得到时域内的通解，通过数值 Laplace 逆变换，结合算例进行了讨论 [41]。

Elliot 等人的研究表明，永久变形的发展趋势主要取决于应力状态、应力历史和循环加载的间隔时间；在永久变形和循环荷载的施加之间存在线性关系；当发生快速破坏时，可以观测到动固结，且动固结是静固结的 60% 左右 [42,43]。

1.2.2　主应力轴旋转下路基土中应力—应变特性研究

广义的土体主应力轴旋转包括两类：一类是应力的三个主值不变而主应力轴方向发生变化；另一类是主应力轴方向、球应力 p 与广义剪应力 q 不变，而应力洛德角发生变化，即应力路径为 p 平面上的圆周运动，也就是 p 平面上的主应力轴旋转。按目前采用的岩土塑性理论，前者是无法考虑的，而后者是可以考虑的。不过，当前常用的一些岩土模型中，为了使模型简化，大多略去了应力洛德角变化的影响 [44]。

大量土工实验表明，纯应力洛德角变化（应力路径为 π 平面上的圆周）[45-47] 或纯主应力轴旋转（三主应力值不变）[48-52] 会导致土体出现明显的塑性变形；在不排水情况下，甚至会导致砂土的液化破坏 [53,54]。然而，当前常用的一些岩土模型中，尚不能充分反映这一实际情况。许多岩土工程中存在着主应力轴偏转与应力洛德角变化问题，有许多荷载，如地震、交通、大海潮汐等常会导致土体主应力轴旋转，因而主应力轴旋转对于岩土工程力学问题是必须考虑的。由于这一问题至今尚未妥善解决，已成为一些岩土工程失事的原因。

Matsuoka 等人推导了关口—太田模型，将主应力轴旋转转化为一般应力增量分量的变化，并通过实验建立一般坐标系下应力增量与应变增量之间的关系，由此算得主应力轴旋转所产生的塑性变形 [55,56]。

Wijewickreme 等人关于中砂的主应力轴单向旋转试验指出，在保持有效大小主应力比 $R'(\sigma_1'/\sigma_3')$ 为恒定值时，随着主应力轴旋转角度 α 的增加，试样体应变 ε_v 增加，且应变变化的速率呈上升趋势；最大剪应变 γ_{max}（大小剪应变之差）也随 α 增加而增加，但是应变速度上升的趋势只能发展到 $\alpha = 60°$ 左右为止，之后应变变化趋于平缓（见图 1-5）[57]。

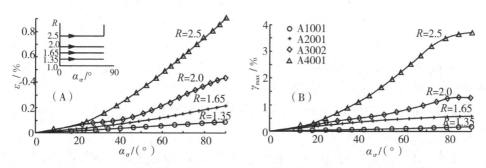

图 1-5　主应力轴旋转条件下主应力比对体应变和最大剪应变的影响 [57]

刘元雪、郑颖人等人基于广义塑性位势理论研究主应力轴旋转与土体应力应变之间的关系，通过矩阵分析，将一般应力增量分解成共轴分量和旋转分量之和，在应力增量分解的基础上，提出含主应力轴旋转的广义塑性位势理论的分解表达式，为研究主应力轴旋转下土体动力特性提供了一种新的方法和途径[58-63]。

Sivathayalan 等人通过对重塑中砂（Fraser River Sand）的试验发现，主应力轴旋转也能导致重塑中砂的应变软化。排水条件下，在先旋转主应力轴后定向剪切与起初就经历定向剪切这两种路径下的试样无法实现最终的体应变重合，且对于排水条件，在高剪应力水平下主应力轴逆转后试样的剪胀特性也受到削弱，这在不排水试验中并未出现[64,65]。

Akagi 对于东京原状黏土的研究表明，随着主应力轴的旋转，体应变不断增加，可以达到 2%。不过，此试验中剪应变在旋转过程中有一个先增加后减小的过程。而重塑黏土在主应力轴旋转下，应变也会有显著的增加。对比两者可以发现，在相同应力水平的条件下，原状土的累计体应变要大于重塑土，后者的体应变只有 0.5%[66]。

Zdravkovic 等人关于紧密粉土（HPF4）的试验显示，在排水条件下进行主应力轴的旋转剪应变峰值较剪应力峰值滞后了 25°；此外，虽然主应力轴发生了旋转，但是试样的轴向应变并没有产生太大的变化[67]。

Arthur 等人通过对密砂的试验，指出大幅度（70°）主应力轴循环旋转的变化导致试样中竖向应变的急剧发展，试样所受外力只有静态强度的一半，但已经产生了很大的应变。这个现象并不出现在主应力轴单向旋转试验中[68]。

Vaid 等人进行的试验表明，不论是松砂还是密砂，大主应力轴从 0° 旋转到 60°，再反转回 0° 的整个过程中，试样的体应变都是增加的（尽管密砂在主应力轴开始旋转的时候出现过略微的体胀），而且松砂的体应变增加明显大于密砂[69]。

Gräbe 采用粗粒料的试验表明，等振幅的主应力轴循环旋转试验会较主应力轴方向不变的动三轴试验产生更为明显的持续应变，其瞬间等效变形模量也会下降。另外，Gräbe 指出超固结比的增加会削弱两种试验在试验结果上的差异[70]。

某些主应力轴循环旋转试验是在排水条件下进行的。Towhata 等人进行饱和日本东京砂排水条件下主应力轴循环旋转的试验。从扭剪应力和应变的关系来看，循环旋转下，应力应变关系形成了滞回圈；而体应变在三个循环中一直增加[71]。从 Wong 进行的重塑砂土排水循环试验来看，大主应变的积累基本上是沿着主应力轴循环旋转中的大主应力轴的运动对称轴方向发展[72]。

此外，在主应力轴连续旋转条件下，不论这种旋转是单向还是循环的，不论排水条件如何，试样普遍都表现出一个特性，那就是主应变增量的方向既不与主应力增量方向重合，也不与主应力方向重合，总体上说介于两者之间。当应力水平或应变幅值增加时，主应变增量的方向从偏向主应力增量方向而转向主应力方向。试样的原生各向异性等因素也对主应变增量方向的定位有着不同程度的影响。

Wong 等人根据砂土的试验指出排水条件下，若试样的主应力轴发生单向或循环旋转，并产生了很大的累积应变，这段应力历史将会对土体后续应力路径中的应力应变关系产生很大的影响[73]。这种应力应变关系对于应力历史的依赖性又为后来的一些研究者证实。比如，Sayao 等人通过对松砂的排水循环试验发现，经历了一次主应力轴单向循环的试样，再次经历主应力轴旋转而产生的性状在很大程度上取决于前后两次主应力轴旋转的方向关系：当两次主应力轴的旋转方向一致时，土体表现出很明显的硬化特性，在同等应力水平下，不论是体应变还是剪应变增量都会减小；而当两次主应力轴的旋转方向相反时，土性没有明显受到主应力轴旋转的应力历史影响，在同等应力水平下，不论是体应变还是剪应变增量都与第一次旋转产生的差不多[74]。不过，Symes 等人关于中等粒径松砂的试验表明，经历了排水条件下主应力轴旋转的砂土，其后续加载过程中的剪应力剪应变特性并没有受到"旋转历史"的显著影响[75]。这与上述 Wong 等的结论有些不符，两者的差异可能是 Symes 等的试验中主应力轴旋转中的应力应变水平还不足以影响之后土体的性状所造成的。Wijewickreme 等人[57]进行的中砂试验表明，主应力轴旋转应力路径产生的土体应力应变关系并不受先前土体应力历史的影响。

另外，Hight 等人采用空心圆柱仪实现土样单元体主应力方向连续旋转，以研究土体在车辆、波浪等荷载作用下的性状[76]；窦宜指出，不同应力洛德角 θ_σ 其应力应变关系可以用双曲线拟合，但不能归一化，即初始切线斜率和极限应力不同，说明了第三应力不变量对应力应变关系和剪切强度存在影响[46]。

沈瑞福等人[77]和沈扬等人[78-80]采用空心圆柱仪实现土样单元体主应力方向连续旋转，以研究土体在车辆、波浪等荷载作用下的性状，对主应力轴旋转条件下土中动应力 – 应变关系进行分析；张启辉等人基于太田 – 关口模型，分析主应力旋转对剪切带形成的影响，认为最可能发生局部剪切变形的方向同主应力轴的旋转角有关，但主轴旋转对激发变形局部化失稳的影响不大[81]；栾茂田等人通过试验对静力与动力组合应力条件下饱和松砂变形特性进行了研究，并对主应力方向旋转条件下饱和松砂不排水单调剪切特性进行了研究[82,83]；史宏彦以平面应变条件下的无黏性土为例，提出了一个确定主应力轴旋转条件下主应变增量与主应力方向之间非共轴角的简单方法，推导出主应力轴旋转产生的应变增量的计算公式[84]。

1.2.3 循环动荷载下土中孔隙水压力变化特性研究

土中动应力和应变的累积主要产生于循环剪应力下颗粒的相对滑移和重新排列（或土颗粒骨架结构的滑移、破损）而出现的应力应变滞后反应，以及孔隙水压力的产生、增长、消散和累积的过程，伴随孔隙水压力的重分布。

大量土的动力试验、模型试验和现场观测表明：循环动荷载作用下土中的孔隙水压力产生、扩散与消散的规律主要与土的性质、动荷条件、固结应力条件和排水条件等影响因素有关。目前的研究成果将孔隙水压力的模型分为应力模型、应变模型、能量模式、有效应力路径模型、内时模型和瞬态模型。其中前五种一般属于平均过程理论，最后一种瞬态模型属于波动过程理论[85]。

1. 应力模型

这类模型的一个共同特点是将孔压和施加的应力联系起来。由于动应力的大小应该从应力幅值和持续时间两个方面来反映，因此这类模型中常出现动应力和振次，将动应力的大小用引起液化的周数 N_L 来表示，寻求孔压比 u/σ_0' 和振次比 N/N_L 的关系。这类模型中最典型的是 Seed 发表的应用振动三轴试验成果定量分析饱和砂土地震液化的论著，并根据振动三轴试验的成果建立了振动孔隙水压力与振动周数比之间的孔压模式。其中将动应力的幅值用引起液化的周数 N_L 来隐现，用 N 来反映持续时间，其关系如式（1–2）[86]：

$$\frac{u}{\sigma_0'} = \frac{1}{2} + \frac{1}{\pi}\arcsin[2(N/N_L)^{1/\alpha} - 1] \tag{1–2}$$

式中，α 为实验参数，取决于土性和实验条件。

Finn 等人[87] 和何广讷[88] 在不同试验基础上，提出了考虑初始剪应力和孔压的产生、消散或扩散作用的应力模式。何杨以残余孔压为研究对象，通过对福建标准砂不同初始主应力方向角和主应力系数的不排水扭剪试验结果进行回归分析，建立了残余孔压和振次比的双曲线关系，进一步完善了孔压的应力模式[89]。

孔隙水压力的应力模型是以室内等幅应力的动三轴试验资料建立的式（1–2）为基础做出的，而现场动应力幅值很复杂，不可能维持等幅应力条件，因此带有很多经验成分。另外，在排水条件下，按应力模式只能算出孔压消散后的体积变形而无法算出形状残余变形，而且无法解释偏差应力在发生卸荷时引起孔隙水压力增长的重要现象，即不能反映土的反向剪缩特性，而这时孔隙水压力的变化往往起着重要的作用[90]。

2. 应变模型

应变模型将孔隙水压力同某种应变联系起来，最初常采用排水体应变，现在不少专家学者建议采用剪应变。这类模型中最具有代表性的是 Martin –Finn – Seed 模型[91]。此模型是根据排水和不排水循环剪切试验结果建立起来的，把饱和砂土在不排水条件下的孔隙水压力的增量与其在排水条件下的体积应变的增量之间建立联系。

Martin[91]、汪闻韶[92]、谢定义[93] 等学者均在这些方面做了深入的研究。他们根据排水及不排水动力试验结果，将不排水条件下的孔隙水压力与排水时的永久体积变形（或称体积应变势）相联系，可以在一定程度上解决应力模型中出现的矛盾，并可直接和动力分析中的应变幅值联系起来，但依然没有真正揭示出孔隙水压力发展的内在机理。用不排水振动使孔压增长和排水固结求取体积应变势，由于两者所经过的有效应力路径明显不同，如此建立它们之间的关系，显然不甚合理。

沈瑞福等人用双向振动的动力扭剪仪试验研究主应力轴旋转加载条件下土样中孔隙水压力的发展规律，针对主应力轴连续旋转的条件，将孔隙水压力表示为振动次数的函数或者是广义剪应变的函数，给出了以振动次数和广义剪应变表示的孔压模式，这种模型是把孔隙水压力与剪应变建立了联系。其关系如式（1–3）[94]：

$$\frac{u}{\sigma_3} = \frac{\gamma_\mathrm{g}}{a\gamma_\mathrm{g} + b} \tag{1–3}$$

式中 a，b 可以表达成 K_c 的函数。γ_g 为广义剪应变。

由于孔压的应变模型解决了应力模型存在的一系列问题，又可以直接和动力分析中的应变幅联系起来，因此得到很大发展。

周建等人认为孔压受到循环应力比、加荷周数、超固结比、加荷频率等影响，而且影响应变的因素也有许多，因此建立孔压与应变的关系比较困难，也不具有普遍性，建议引入一个不随各影响因素变化的客观基准量——加荷周数，以间接反映土体孔压与应变关系[95,96]。

3. 能量模式

孔压的能量模式是将孔隙水压力与振动过程中消耗的能量联系起来。这一模型开始于 20 世纪 70 年代，并掀起发展的热潮。

Nemat-Nasser 等人最早从能量的角度出发，研究振动荷载作用下松砂的振密和孔隙水压力的增长与振动过程中土体能量消散之间的相互关系[97]。Davis 和 Berrill 基于 Nasser 等人的理论，从热力学的观点建立了场地土孔隙水压力增长与土体耗损能量之间的关系，并以此为基础统计了大量的场地地震液化资料，提出了相应的场地地震液化的判别式[98]。曹亚林和何广讷等人基于能量法的基本原理，提出了相应的孔压计算模式，并分析了能量输入模式、边界排水效应等影响，给出了一个便于实际应用的半经验的液化判别式[99,100]。

4. 有效应力路径模型

这类模型是由 Ishihara 等人根据大量饱和砂土的静剪切试验提出的。他们根据等体积的应力轨迹线以及等剪应变的应力轨迹线，分析孔压的变化量与平均有效主应力的变化量的关系来确定孔隙水压力的增量[101]。

该模型能清晰地反映饱和砂土由开始振动到初始液化所经历的路径，有助于理解振动孔隙水压力的起伏波动性。但该模型是在静力三轴试验的基础上提出的，所以不能较好地体现出振动荷载作用下饱和砂土实际状态交替变化和孔隙水压力起伏波动的变化规律性，同时其对初始液化、屈服方向独立性以及孔隙水压力特性方面所做的假定也不尽合理[90,102]。

5. 内时模型

Finn 和 Bhatia 最早运用内时理论来描述饱和砂土振动孔隙水压力的增长规律。内时理论把土看作非线性弹塑性材料，假设非弹性变形和孔压都是由土粒的重新排列引起的，而土粒的重新排列又是由应变路径长度即内时决定的[103]。这样，将内时与反映剪应变幅值和加荷周数的破损参数建立联系，再将一组由周期加载试验得到的孔压比与加载周数的关系曲线转换为一条由破损参数确定的单一曲线，即可由此曲线来确定孔压。

徐杨青等人运用内时塑性理论，建立了预测均匀和不均匀波浪循环荷载下不排水孔隙水压力的模型，该模型不仅可以较好地拟合试验数据，还能在一定程度上说明循环荷载作用下孔隙水压力上升的机理，可较为方便地用于波浪循环荷载作用下的液化势分析中[104]。徐干成等人基于 Finn 等人提出的内时孔压模型，通过饱和砂土应变控制的振动扭剪试验，研究了孔隙水压力的增长规律，以有效剪应变路径长度参数为内时参量，提出了一个饱和砂土振动孔隙水压力的计算模型[105]。通过已有试验资料对其进行验证表明，新的内时参量对于应变控制的动单剪、动三轴试验及应力控制的振动试验的孔压发展规律有很好的归一化性能。

6. 瞬态模型

谢定义、张建民等人提出了孔压的瞬态模式。他们指出，在动荷作用于一定土性状态试样的过程中，表征土所受应力状态的有效应力点，将从它的静应力状态点开始，以一定的路径在应力空间中由破坏边界面所限定的范围内连续移动，在每一个瞬间，这种移动的趋向取决于当时的应力、应变的发展水平和作用动荷变化的特性。对于具体的土性条件，作用应力的变化可以反映出增荷剪缩、增荷剪胀、卸荷回弹或反向剪缩等不同特性。它们分别在应力空间内占据相应的空间特性域。由于应力经过各不同特性域时，孔压具有显著不同的发展特性，因此，当有效应力点以特定选择的顺序和持续时间通过相应的特性域时，即引起由所过特性域的孔压发展特性所决定的孔压增长和积累，规定了孔压发展的规律。为求得具体的孔压值，将孔压按其原因分为应力孔压、结构孔压和传递孔压等三种类型，则任瞬态确定的孔压为三者之和[93,106,107]。

这种孔压模型描述了孔压变化与物态变化之间的关系，放弃了长期以来仅从平均过程来研究孔压发展的传统途径。

7. 主应力轴旋转条件下孔压特性研究

循环动荷载作用下纯主应力轴的旋转会引起土中孔压的增加，并逐渐累积，这在许多试验中都得到了印证，而这种孔压变化又会由于试验加载方式的不同以及土体原生各向异性的存在表现出不完全统一的特性。

Kazuya 等人的试验研究认为，土体只要在循环荷载产生了超静孔压，就会出现再压缩沉降，再压缩固结指标主要受预固结荷载与循环荷载的大小的影响，土体的循环荷载下固结沉降取决于循环荷载产生的超静孔压的累积及土的超固结比，这种固结量甚至可超过静荷载下的次固结量，其中超静孔压大小取决于循环剪应变的振幅、循环次数和超固结比[27]。

Ishihara 等人采用日本的 Toyoura 砂，使用空心圆柱仪实现土样单元体主应力方向连续旋转（试验过程中 q 值保持不变），以研究土体在波浪荷载作用下的性状，将试验结果与纯扭剪和三轴循环剪切试验对比表明：主应力轴旋转产生孔压的速率要快得多，剪应力水平也是一个决定孔压发展速率的因素。虽然循环初期孔压产生很快，但剪应变和轴向应变还都维持在一个较低的水平，只有当孔压值达到围压的 50% 以上时，应变才开始急剧增加[108]。

Symes 等人在对中等粒径的重塑砂样（Ham River Sand）进行试验时发现，不排水条件下，保持剪应力 q（大小主应力构成莫尔圆之半径）不变，主应力轴正向旋转（α 从 0° 转到 45°）与逆向旋转（α 从 45° 转到 0°）产生孔压的特征有显著的不同（α 以顺时针为正，逆时针为负）。正向旋转产生了可观的孔压积累，而且旋转结束时试样产生的孔压与一开始就将大主应力轴固定在 α=45° 方位定向剪切到达等 q 点试样的孔压接近，如图 1-6（a）所示，A0，A4 段应力路径分别表示大主应力轴固定在 0°、45° 方位定向剪切，R1 表示大主应力轴从 0° 开始正向旋转到 45° 以及之后的定向剪切过程。反向旋转时，孔压只有略微增加，且之后固定主应力轴方向对试样进行定向剪切，产生的孔压始终落后于同剪应力水平。方向定向剪切产生的孔压，只有临近破坏的阶段，两种应力路径下产生的孔压才会接近。在图 1-6（b）中，A0，A4 释义同前，R2 段表示主应力轴反向旋转以及之后定向剪切过程。从这个试验可以看出，由于试样的定向沉积方向控制了土体在主应力轴旋转过程中的孔压发展程度，特别当主应力轴从平行于沉积面方向向垂直于沉积面方向靠拢时，孔压的产生受到明显抑制[109]。

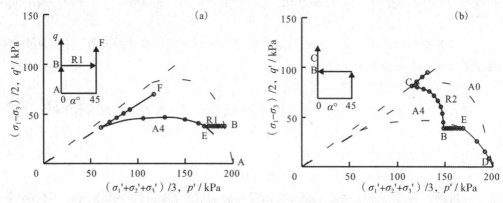

图 1-6　试验 R1，R2 的有效路径[109]

Sivathayalan 等人采用重塑中砂（Fraser River Sand）进行试验发现，如果初始大主应力轴的定位是 45° 方向，保持相同的初始固结水平 K_c（固结时的大小主应力比），将土样的主应力轴正转或反转，结果在较低的 K_c 值下（K_c=1.5），正转和反转得到的孔压增量几乎相同；当 K_c 取较高值时（K_c=2.0），正转的孔压明显大于反转[65]。此试验不仅验证了上文 Symes 等的结论，即通常主应力轴向试样的薄弱面旋转会产生更大的孔压，反之则受到抑制，而且说明这种"抑制或促进作用"还受到初始固结方式的影响。当初始固结趋向于各向同性时，由于沉积引起的原生各向异性对孔压积累的影响就减弱了。

主应力轴的循环旋转将使试样产生较同等应力水平的静态加载大得多的孔压。Towhata 等人采用同样的 Toyoura 砂试验表明，即使保持剪应力 q 在一个较低的应力幅值，由于主应力轴的往复旋转亦会产生超静孔压，并最终导致土体液化[71]。不过，该试验并未对是否存在发生液化的临界 q 值进行验证。Shibuya 等人的重塑松砂研究指出大约主应力轴旋转进行 2～3 个循环之后，孔压增量与土体剪应变增量基本上呈线性关系[53]。

付磊等人[110] 和郭莹等人[111,112]利用空心圆柱试样，针对福建标准饱和砂土分别进行了不排水三向非均等固结的循环扭转剪切和循环竖向与扭转耦合剪切试验，探讨了初始主应力偏转角和循环剪切应力路径对循环孔隙水压力的影响，同时给出了峰值孔压比 u_m/u_{max} 和广义剪应变之间的关系，研究表明孔压积累与广义剪应变之间存在双曲线关系，且双曲线两个参数与初始主应力偏转角有关，与剪切应力路径也有一定的关系，但与循环应力幅值、循环破坏振次等无关。此外，由于循环中主应力轴转幅的增加会使得孔压积累的速率加快，而关于这个转幅的临界最小值，Shibuya 等指出是 90° 左右。

同在主应力轴单向旋转的应力路径下一样，土体在主应力轴循环旋转条件下，其原生各向异性也会有明显的反映。Shibuya 采用松砂试样（Ham River Sand）试验时发现，若主应力轴旋转每一循环的转幅都是 180°，则不论每次循环中主应力轴的平均定位（大主应力轴在循环旋转中所经历转角的对称轴方向）如何，在旋转次数相同的情况下试验所积累的孔压几乎相同；当循环转幅小于 180° 时，剪应变和孔压的积累与主应力轴平均定位以及主应力轴转幅密切相关[113]。从 Shibuya 的研究结果来看，在循环转幅与循环次数的乘积为定值时，大循环转幅少循环次数产生的孔压、剪应变效果更明显。

沈扬通过软土得空心扭转试验研究，认为可有如下关系：① 孔压随主应力轴旋转的变化率 $d\Delta u/dN_\theta$ 与每次循环中大主应力轴的变幅成正比；② 孔压随主应力轴旋转的变化率 $d\Delta u/dN_\theta$ 与每次循环中主应力轴的平均定位角度成正比；③ 在主应力轴的变幅和平均定位一定的情况下，$d\Delta u/dN_\theta$ 随着的孔压 Δu 绝对值的大小变化。参数 $N_\theta = (\int d\theta)/360$，其中，$d\theta$ 表示主应力轴旋转的角度微变量，N_θ 反映循环过程中主应力轴转幅的积累[114]。

1.2.4 土的动力本构模型研究

最近几十年以来对于路基土的研究，很多都是为了建立土的本构模型。大部分模型是建立在增量或者是流塑概念的基础上。建立一个可靠的而且通用的本构模型，对于研究路基土的行为是极其重要的。迄今为止，研究土体动荷载作用下变形特性的本构模型主要有 4 大类：弹塑性模型、运动硬化模型、边界面模型及套叠屈服面模型。

1. 弹塑性模型

Parry 等人的研究表明，对于岩土材料而言，卸载、再加载及反向加载过程中同时伴随弹性和塑性应变的产生[115]。经典的弹塑性模型认为，卸载与再加载时的响应均是弹性的，而不产生塑性变形，尚不能对土体这方面的力学特性进行充分的描述。由此，提出了循环动荷载作用下土体动力弹塑性研究课题。

在土体的动力反应分析中，常用粘弹性理论进行分析，主要有等效线性模型和曼辛型非线性模型两大类。前者把土体视为粘弹性材料，不寻求滞回曲线（即描述卸载与再加载时应力应变规律的曲线）的具体数学表达式，而是给出等效弹性模量和等效阻尼比随剪应变幅值和有效应力状态变化的表达式；后者则根据不同的加载条件、卸载和再加载条件直接给出动应力—应变的表达式。在给出初始加载条件下的动应力—应变关系式（骨干曲线方程）后，再利用曼辛二倍法得出卸荷和再加荷条件下的动应力应变关系，以构成滞回曲线方程。Hardin-Drnevich 模型 [116]、Ramberg-Osgood 模型 [117]、双线性模型及一些组合曲线模型均属于等效线性模型。

一般的粘弹性模型不能计算永久变形，为此，Martin 等人根据等应变反复单剪试验结果，提出了循环荷载作用下永久体积应变的增量公式 [118]。沈珠江、陈生水等人对等价粘弹性模型进行了较全面的研究 [119,120]，认为一个完整的粘弹性模型应该包含4 个经验公式：① 平均剪切模量；② 阻尼比；③ 永久体积应变增量和永久剪切应变增量；④ 当饱和土体处于完全不排水及部分排水条件下，还需给出孔隙水压力增长和消散模型。

考虑到岩土材料具有残余变形特性，Druck 和 Prager 最早提出塑性理论的本构模型 [121]。由于一般的岩土是一种功硬化或应变软化的材料，故在理想塑性模型基础上分别提出了塑性功硬化模型和塑性帽盖模型两种弹塑性模型。塑性功硬化模型用来描述剪切屈服、破坏，而塑性帽盖模型则建立在球应力引起岩土材料体积屈服的基础之上。张克绪等人曾用两个基于非曼辛准则的土动弹塑性模型对地震荷载的情况进行了土体反应分析，并与通常采用的等效线性模型做了比较 [122]。结果表明，两种模型的结果是可比的，而采用弹塑性模型更为合理。

Ramsamooj 等人认为一个弹塑性模型应该利用土体的材料特性、加载条件及描述土体性状的环境参数，而不宜包含任何经验常数 [123]。Bonaquist 等提出了一个 DSC模型来模拟饱和黏土的循环行为，给出了一个研究卸载和再加载行为的简化方法，而不必考虑复杂的屈服面运动 [124]。Ge 通过研究低围压作用下粒材料的结构行为，提出了改进的模糊变形塑性模型。这个改进的循环结构性模型主要涉及反复加载循环、非线性剪胀行为、材料的记忆、精确的反向加载循环、排水和不排水行为、临界状态土的力学概念、密度、平均的有效应力和长期的循环效应（shakedown 行为，即安定行为） [125]。

Dafalias 和 Popov 首先提出了弹性面塑性理论，用来描述在循环荷载试验中应变 –软化、应力 – 剪胀、饱和与非饱和行为、迟滞能量消散以及不可恢复应变之间的关系 [126]。

Bardet 给出了一个新的土的模型概念——刻度记忆。这个模型把非线性塑性模量转换为小块的线性分布，然后用这个简化的小块在循环加载中给出塑性模量 [127]。

Bonaquist 和 Witczak 提出了车辙分析的塑性理论，应用了相关流动法则中的屈服面概念[124]。研究表明，累积的永久变形与第一次循环引起的永久应变的大小具有强烈的关联。如果知道路面结构中允许的永久变形超过了设计期限，则可定义一个临界屈服面来确定第一次循环的永久应变。在这个研究中，虽然在测量的和预测的塑性变形之间没有严格的相关性，但是对于路基土的塑性理论，几乎没有合理的解释。

Wiermanna 和 Wayb 等人研究了动力荷载对 Norfolk 砂质黏土应力应变行为的影响。研究结果表明，随着动荷载的增加，黏土的横向位移显著增加，车辙的深度也随着增长，总的垂向应变保持一个常量，大约是土体积变形的 25%。随着动荷载的增长，最大主应力（σ_1）的计算值明显增加。荷载施加第一次时，土层所发生的主要是塑性和剪切变形，土的垂向位移增长；第二次时主要产生八面体剪应力，土的垂向位移增加一个更大的幅度。但是，垂向位移不易量测到，而水平位移则可以很明显地观察到。随着动荷载的增加，土的剪胀应力也增加[128]。

Desai 提出了扰动状态概念（DSC），是一种针对材料的受力扰动而发展起来的本构模拟方法。在扰动状态概念中，假定在外部条件的影响下（如力学的或者热能的影响）引起材料微结构的扰动，材料内部微结构从相对完整状态到完全调整状态是连续且随机变化的[129]。Shao 和 Desai 提出了一个 DSC 模型来模拟饱和黏土的循环行为，给出了一个研究卸载和再加载行为的简化方法，而不必考虑复杂的屈服面运动[130]。

周建和龚晓南通过应力控制的循环三轴试验分析了循环应力比、超固结比、频率对土体应变软化的影响，并建立了反映各影响因素下土体的软化模型[96]。但是，他们的研究仅考虑了由孔隙水压力引起的应变软化，由于主应力方向不断改变和较高循环应力作用引起的土体软化需要进一步研究。

Hyodo 等人定义的峰值应力比与双幅剪应变存在唯一的定量关系，在对不排水和部分排水两种条件下的孔压和剪应变的对比试验基础上，结合固结理论建立部分排水条件下黏土变形的预测模型，评价部分排水条件下黏土的沉降和稳定性[131,132]。试验结果表明，初始静剪应力对土体循环荷载下的强度有影响，且这种影响与土性有关，一般黏性土的循环强度随初始静剪应力的增大而减小，而砂土则相反，即砂土循环强度随初始静切应力的增大而提高。轴向峰值应变与可动有效应力比之间存在着独特的关系，相对有效应力比和相对循环剪应力之间也存在独特的关联，循环体应变与循环孔压之间也存在定量关系，且这些关系均与初始静剪应力和循环剪应力无关。利用这种关系就有可能根据初始静剪应力和循环剪应力，达到预测累积孔压和循环轴向峰值应变的目的。

另外，在国内，谢定义认为根据硬化规律定量地建立塑性硬化模量场计算塑性应变是弹塑性模型的关键[133]。徐干成等人把实际工程中的许多岩土问题都归结为求解

一定条件下的边界值问题，并开展了饱和砂土循环动应力应变特性的弹塑性模拟研究
[134]。要明伦等人建立了饱和软黏土动变形计算的一种模式，采用 Mises 屈服准则，并根据相关的流动法则，推导土的弹塑性本构关系[135]。章克凌等人研究了饱和黏土在循环作用下的孔压规律，提出了一种孔压预测模型[136]。蔡袁强等人得出了成层饱和地基在周期荷载下的有效应力的数值解[137]。许才军等人通过室内循环不排水三轴实验，测量了循环荷载作用下不同循环周数的孔隙水压力，分析了影响孔隙水压力增长的因素，建立了相应的孔隙水压力模型[138]。蒋军等人研究了不排水循环荷载作用下含砂芯复合土样的性状，分析了循环荷载幅值、循环次数、超固结比、加载历史和砂芯置换率等对含砂芯复合土样性状的影响[139]。李世壮研究了车辆荷载作用下复合路基的沉降，根据屈服条件、流动法则和硬化规律建立了可变荷载下土体的应力－应变弹塑性模型[140]。周志斌通过路基土在重复荷载作用下的室内实验，研究了路基土回弹变形和累积变形随荷载轴次增长的发展规律以及各种因素对累积变形的影响[141]。徐建平等人研究了地震荷载、波浪荷载及交通荷载等典型动力荷载作用下的应力路径，考虑土体的动力学特性、荷载类型、质量分布、几何尺寸及边界条件等，对运动体系进行合简化，提出动力分析方法[142]。刘公社等人研究了不同的动荷载水平、动荷载形式、振动频率、固结应力比条件下饱和黄土动孔压的变化规律，提出了计算平均孔压的经验公式[143]。曹新文等人分析了列车荷载作用下路基地特点，研究路基的动应力、永久变形、弹性变形和加速度随列车荷载的重复作用次数、轴重及运行速度的变化规律[144]。陈存礼等人研究了动荷载作用下强度发挥面和空间强度发挥面上砂土的应力－应变关系[145]。凌建明等人研究了行车荷载作用下湿软路基残余变形特性，计算了行车荷载作用下路基顶面以及路基土中的竖向应力，建立了路基附加应力的动力模式[146]。陈颖平等人将交通荷载简化为正弦循环荷载，利用 HX100 动静多功能三轴仪，研究了循环荷载作用下结构性萧山软黏土的动力特性[147]。章根德和韦昌富在率无关的塑性力学基础上提出了一个能模拟周期荷载条件下饱和非凝聚土特性的新的帽盖本构模型[244]。

  2. 运动硬化模型

  土体弹塑性变形中各向异性是很明显的，即使不考虑土的原生各向异性，土的应力诱导各向异性也是很显著的，即在同一应力状态下不同方向施加同样大小的应力增量，所产生的应变增量差异可能很大。土体的各向异性就是主应力轴旋转导致土体塑性变形的根本原因。弹性力学中也存在主应力轴旋转问题，但它并不产生塑性变形，因为假设土体是各向同性的，所以应变增量、应力增量是一一对应的（大小成比例，主轴方向一致）。应变增量随应力增量而同步旋转，变形只与主应力大小有关，而与

主应力轴方向变化无关，而土体的变形受应力历史的影响[148]。应变增量的大小、方向不仅随应力增量的大小、方向而变，也受到应力大小与方向的制约，所以土体应变增量随应力增量的旋转存在滞后现象，主应力轴旋转会导致土体塑性变形和应力应变不共主轴，这也就是土体应力诱导各向异性的影响。

Mroz 基于工作 – 硬化空间模量的概念提出一个非等向硬化模型[149]。Prevost 研究了循环加载条件下黏性土的行为[150]。Mroz 等人研究了硬化模量空间的概念提出土的非等向硬化模型[151]。

Vermeer 在等向硬化理论的基础上提出一个五常量模型，用来描述剪胀行为和剪应力与剪应变的双曲线关系[152]。Sture 等人提出了多重面的非等向硬化模型[153]。通过计算均匀加载与卸载以及非均匀加、卸载过程中的单独一个面的位移、剪胀或者压缩参数，建立本构方程式，给出屈服面空间的瞬时结构。结果表明，随着塑性体积应变的变化，屈服面的尺寸也会发生改变。

Anandarajah 提出了在单一荷载作用下颗粒材料的弹性面塑性模型[154]，研究了综合等向硬化，包括密度、误差和形状硬化。应用关联流动法则建立了对称刚度矩阵，可以用有限元进行分析。Wood 等人把状态参数加入砂的模型中，利用所给出的硬化规则把失真应变与屈服中心的改变联系起来[155]。

Manzari 和 Dafalias 在土的临界状态力学体系基础上提出了一个新的双弹性面塑性模型。这个双弹性面塑性模型与状态参数结合起来，用来定义砂的峰值应力以及剪胀应力率[156]。这个模型可以模拟在单一和循环荷载以及排水和不排水条件下砂的行为，指出等向硬化与塑性体积应变相关。Getierrez 等人将归一化剪应力功作为硬化参量，通过边界面来确定土体塑性流动方向[157]。

传统塑性力学中屈服面是各向同性硬化的，为了反映土体的各向异性，一部分学者提出屈服面为运动硬化的模型。运动硬化模型中，屈服面的中心、大小甚至形状随应力状态变化而变化。Nakai 等人[158,159]通过引入屈服面的运动硬化规律，对各向同性硬化空间滑动面模型[160]进行改造。当纯主应力轴旋转时，主应力空间中应力状态点位置不变，但屈服面随主应力轴旋转而运动，使该应力状态点处于屈服面上，使纯主应力轴旋转也会导致土体屈服。

运动硬化理论可以看作对传统塑性理论的修补，比较形象地反映了各向异性这一因素。从上述 Nakai 等人的工作可以看出，这一类模型的关键在于给出屈服面的运动规律。然而，土体各向异性与应力状态、应力路径密切相关[161~163]，是一个很复杂的问题。一旦应力路径很复杂时，就很难给出屈服面的运动规律了，涉及三维问题更是如此，这是该类模型发展缓慢的原因。

3. 边界面模型

1975 年，Dafalias 等人[126] 以及 Krieg[164] 首先提出适用于金属材料的边界面模型，此后被推广应用于岩土材料[165]。边界面模型的基本特点是：在应力空间中有一个边界面限定了应力点和内套屈服面移动的几何边界，该边界或采用椭圆形，如 Mroz 等人的模型[166]；或采用两段椭圆曲线和一段双曲线组成的边界面，如 Dafalias 等人的模型[165]；还有的采用两段椭圆曲线和一段正弦曲线组成的边界面等。

边界面模型假设应力空间中存在一个能包含所有屈服面和加载面的曲面，它的定义与经典塑性力学中的屈服面的定义是一样的。一般在塑性加载过程中，边界面与屈服面都能变形并能在应力空间中移动。反映各向异性的运动硬化理论模型是从屈服面角度对传统塑性理论的修正，通过主应力轴旋转导致屈服面运动，从而反映主应力轴旋转所导致的塑性变形。边界面模型则是对传统塑性理论流动法则的修正，传统塑性理论认为塑性流动方向为屈服面外法线方向，而边界面理论则是建立了塑性流动与边界面对应点外法线方向之间的关系，从而建立能反映土体主应力轴旋转的土体模型[148]。

Gutierrez 等人通过大量含主应力轴旋转的土样空心扭剪实验，获得了土样塑性流动的重要规律[167]。首先通过"Stress Probe"实验，即从同一应力状态出发，沿不同方向施加大小相同的应力增量后，测量这些应力增量对应的应变增量。结果发现这些应变增量的大小与方向差别很大，这否定了传统塑性力学中塑性应变增量方向与应力的唯一性关系。他们进一步研究了二维应力状态中，含主应力轴旋转时砂土塑性流动方向与砂土破坏面之间的关系，砂土塑性流动规律如图 1-7 所示。在应力状态点 (x, y) 施加应力增量 $d\sigma$，应变增量方向确定如下：从 (x, y) 出发沿 $d\sigma$ 方向延伸一直线交边界面于 (x_c, y_c) 点，边界面在该点的外法线方向，即 $d\sigma$ 引起的塑性应变增量方向。

而后，Gutierrez 等人在上述流动规律基础上建立了一种能考虑主应力轴旋转的砂土模型[168]。以砂土破坏面为边界面，假定屈服面形式与土体破坏面一致，其实这也是对传统屈服面的一种修正。从图 1-7 可看出，破坏面是在一般应力空间中表述的，即该屈服面不再是应力不变量的函数，它也可以反映主轴旋转所致的土体屈服。该模型将归一化剪应力功作为硬化参量。该模型和纯主应力轴旋转实验结果表明，该模型基本可以反映土体主应力轴旋转时的变形特性。

钟辉虹等人通过对饱和软黏土进行一系列应力控制的循环三轴试验，结合各向同性弹塑性边界面模型数值模拟，研究了软黏土在不排水条件下受循环荷载作用时的累积残余变形规律，提出了一个简单的边界面模型[29]。

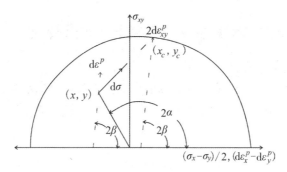

图 1-7 边界面模型塑性流动示意图[167]

边界面模型主要通过边界面来确定土体塑性流动方向，方法较简单。即使在二维情况下，也只是给出了二维应力空间中正应力差与剪应力平面上塑性流动规律，只反映了偏应力大小及方向的影响，忽略了另一重要因素——球应力 p，因而是不全面的。对于复杂的三维应力路径，这类模型就更加无法模拟了。

4. 套叠屈服面模型

套叠屈服面模型的概念首先由 Mroz 等人所建立[149]。Mroz 提出塑性硬化模量场理论，在应力空间定义一个边界面和一个初始屈服面，然后在边界面内用随着应力点的变化而平移和胀缩的套叠屈服面来描述材料的非等向加工硬化特性。在此基础上，Provest 提出了适用于岩土材料的运动硬化嵌套面本构模型[169]。建立在塑性硬化模量场理论基础上的多屈服面模型[149~151,170]，能够较好地描述土在循环荷载作用下的卸载非线性、再加载和反向加载时出现的不可恢复的塑性变形等动力特性，因此比较适合描述饱和软黏土在循环荷载作用下的本构特性。国内王建华、徐干成等人在这方面做了深入研究[171, 172]。庄海洋等人采用等向硬化和随动硬化相结合的硬化模量场理论，基于土体的广义塑性理论，建立了一个总应力增量形式的土体动力粘塑性记忆型嵌套面本构模型，通过记忆任一时刻的加载反向面、破坏面与加载反向面内切的初始加载面来确定屈服面变换规律[173]。另外，Matsuoka 提出的多机构模型不需要明确的定义屈服面和塑性势面，可以考虑主应力轴旋转等复杂的循环动力加载条件，但该类模型适合于对饱和砂土的动力特性的模拟，难以对饱和软黏土的特性进行模拟[174]。

套叠屈服面模型为描述土体真实动力特性提供了极大的普遍性和灵活性，弥补了经典弹塑性理论在模拟中性变载、旋转剪切应力路径下土体变形时的无能为力。但在数值计算时，需要对每一高斯点所有屈服面的位置、尺寸及塑性模量进行记忆，对计算机的内存要求过高。

1.2.5　基于安定理论的循环动荷载下路基土力学行为研究

1. 基于安定理论的弹塑性模型

在路基的设计中，必须重视路基防止或抵抗永久变形的积累。无约束的土体和其他材料的永久变形将会导致路基表面的变形不可恢复。实际上，路面和路基的结构应该设计为在每一层都承受永久变形，而不是仅仅在一个很小的区域（层）里承受永久变形。

安定理论最早由 Melan 针对弹塑性和随动硬化材料推导而得到[4]。安定理论是指结构体在某特定的反复加载下，所产生的塑性变形会在有限的加载次数后稳定下来，且在安全界限之内，结构体并不会产生破坏。而后，由于计算机的迅速发展及普及，加上塑性力学及安定理论发展渐趋完善，Sharp 在 1984 年开始以数值分析与计算机模拟方法相结合探讨这一问题，且分析不再局限于路基土，而是针对整个路面系统结构。多层安定理论因而被应用于预估路面寿命及极限荷载（shake-down limit load），一般是用于确定道路的极限安定强度[5]。

前述许多学者的研究就是为了提出累积变形的有效预测方法，他们进行了大量的室内及现场试验研究，并提出了很多经验公式，但由于没有明确的力学机理，参数确定具有较大的随意性，计算误差较大，难以推广应用[175-177]。套叠屈服面模型、边界面模型等由于可考虑土体复杂的循环变形特性，正逐渐被用于预测道路在多次重复荷载作用下的累积变形问题。虽然这些模型可较为真实地反映土体变形特征，模拟效果较好，但由于采用传统的小步长积分方法，需要准确模拟每一个循环加载过程，对于高达百万次以上往复加载计算无法实现[178-179]。而基于安定性理论的弹塑性本构模型则由于可以采用较大的积分步长，具有良好的应用前景，但目前几种模型在合理模拟砂土变形特征方面都存在较大的缺陷[178,180-182]，有待进一步改进。

为了分析道渣材料的长期累积塑性变形，Suiker[180,181] 通过参考 Lemaitre 和 Chaboche[183]、Peelings 等人[184] 的理论，将安定性理论引入到土体本构模型中，提出循环加载过程中可只考虑最大塑性变形包络线。因此，计算时可采用较大的积分步长，并由此提出双硬化形式的循环压密本构模型。该模型可任意选取积分步长，显著提高了计算效率，非常适于实际工程的有限元计算，具有很高的应用价值[178,182]。张宏博基于安定性理论，通过引入应变硬化规律及剪胀性理论，对 Suiker 模型进行了深入改造，提出一种新的基于安定性理论的双硬化弹塑性本构模型。该模型从无黏性材料内在变形机理出发，可有效反映材料累积塑性变形与动、静应力水平及加载次数的关系，适用于大数目往复加载下土体累积变形分析[185]。

2.临界应力研究

路基土在循环动荷载的作用下，其破坏可由循环荷载下的能量耗散变化情况以及塑性应变的发展形态，确定一个临界应力水平加以判断。当行车荷载所产生的应力水平低于临界应力水平时，路基土在循环反复荷载作用下的塑性行为处于稳定累积状态，且能量耗散持续递减；高于临界应力水平时，塑性应变累积会突然增大，能量在循环荷载若干次后会出现反而升高的现象。应力水平（SL）为施加的反复荷载轴差应力（σ_d）与土破坏时的轴差应力（σ_df）的比值，须先进行静三轴试验求得土破坏时的轴差应力[194]：

$$SL = \sigma_\mathrm{d}/\sigma_\mathrm{df} \qquad (1-4)$$

路基土临界应力状态范围可由反复加载时土所呈现的回弹、塑性及安定等行为加以判断，之后取临界应力范围内数据进行多方面的分析验算，将对塑性变形有影响的因子选出，作为计算路基土塑性变形的依据[2,3]。

由于路基土导致车辙破坏的形态与传统基础工程土滑动破坏形态不同。因此，无法以传统土木工程中 15% 或 20% 的塑性应变定义土的破坏时机。自 1960 年至今，诸多学者致力于反复荷载下的临界应力水平界定研究，并以三轴反复荷载试验先后探讨此课题[186-193]。在研究过程中，他们面临着共同的问题，即如何定义路基土破坏的时机。

Larew 等人认为，反复荷载下的破坏在应变率（strain rate）开始增加之时[186]。Gaskin 等人探讨 Sydenham 砂在反复荷载下的行为时指出，破坏的类型乃属永久变形破坏，并进一步阐述破坏发生的时机为当应变率增加至最大时[187]。Brown 等人研究了饱和粉质黏土及不同过压密程度对破坏行为的影响，认为有些地区的路基土是接近饱和的，且饱和试验结果可用有效应力的观念加以分析[188,189]。

Werkmeister 等人则针对 2 类颗粒状土进行了不同轴差应力及围压下的三轴反复荷载试验，发现颗粒状土在反复荷载过程中亦具有安定行为，可以观察到塑性安定行为、塑性潜变行为和增量崩溃 3 种类型的永久应变的累积，并根据行为建立不同围压与轴差应力组合下的路基土临界应力状态范围[190,191]。

Mitchell 等人研究结果显示，土体破坏的发生是因反复荷载下孔隙水压持续地增加，而发展到足以将有效应力路径落入由静态三轴试验所定义出的破坏包络线区域内，致使有效应力随着荷载次数的增加而递减，而孔隙水压的增加与初始应力状态及应力水平大小相关，在初始围压愈大的情况下，孔隙水压也愈大[192]。Raymond 等人针对 Leda 黏土进行不同应力水平下的非饱和反复荷载试验，试验得出结果，永久应变随着荷载次数增加而渐增，且以应力水平为界，永久应变可明显分为 2 个类型[193]。

杨树荣根据路基土回弹模量的研究，结合能量耗散与安定理论，对循环动荷载下土中临界应力进行了研究[194]。

廖化荣等人结合安定理论和能量耗散观点，确定不同含水量的红黏土在循环荷载作用下的临界应力水平；并确定了不同含水量的路基红黏土在循环荷载作用下的破坏包络线（见图 1-8）[3,195]。

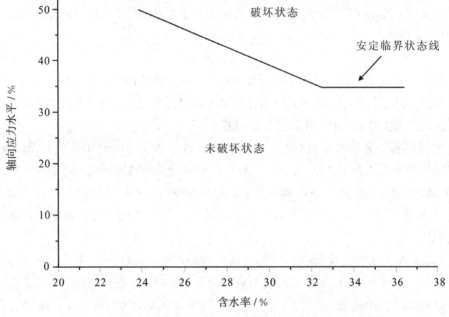

图 1-8　土样在不同含水量受循环荷载时的临界应力水平[3]

此外，临界应力水平与围压有密不可分的关系。对于黏性土仅 Brown 等对不同过压密度有过探讨，其余多数学者探讨临界应力水平系都是界定于特定围压之下。如表 1-1 所示，汇集了各研究者对于反复荷载下破坏时机的观点[2]。

表 1-1　对反复荷载下破坏时机的定义[2]

年　代	学　者	反复荷载下破坏时机的定义
1962	Larew 等[186]	应变率开始增加之时
1975	Brown 等[188,189]	应变率开始增加之时
1977	Mitchell 等[192]	有效应力路径落入破坏包络线区域内之时

（续 表）

年 代	学 者	反复荷载下破坏时机的定义
1979	Raymond 等 [193]	由永久应变发展类型加以判断
1979	Gaskin 等 [187]	应变率增加至最大时
1984	Sharp[2]	多层安定理论
1994	Muhanna[20]	安定行为
2001	Werkmeister[190,191]	安定行为
2002	杨树荣 [194]	安定行为
2004	廖化荣等 [3,195]	能量耗散、安定行为

1.2.6 路基土中动应力特性研究

在道路工程中，一般将路基视为弹性半无限空间体，采用弹性理论的方法来分析路基在各种荷载条件下的应力和位移。假定以路基表面 $z = 0$ 为边界，在深度方向和水平方向均为无限弹性体。当弹性半无限空间体表面作用一静止荷载时，弹性体内的应力和变形问题于 1878 年至 1885 年由布辛尼斯克得到完整的解答，称为布辛尼斯克课题。Sneddon 在前人研究的基础上，最早研究低音速移动线荷载作用下弹性半无限空间的解 [196]。Cole 和 Huth 在 Sneddon 的基础上研究了低音速、亚音速和超音速时移动线荷载作用下弹性半无限空间问题，并给出了相应的解 [197]。Eason 研究了多种形式的移动荷载（包括集中移动荷载）作用下，均质弹性半无限空间的三维稳态响应，但他的研究仅限于低音速的情况 [198]。Lansing 为了研究爆炸和冲击波，求解了移动点荷载作用下半空间的稳态响应，给出了位移积分解 [199]。

Hyodo 和 Yasuhara 通过将 10 t 重的卡车作为交通荷载以 0、10、20、30 和 35 km/h 的速度在试验道路上往复运动，得到了交通荷载作用下不同深度地基的竖向土压力，采用半正弦加载曲线描述竖向土压力的波形，得出仅适用于行车速度 <57 km/h 时加载时间与行车速度的关系式 [200]。

凌建明等人基于弹性层状体系，采用荷兰 Shell 研究工作组的 BISAR 程序，计算了交通荷载路基顶面及路基土中的竖向应力，分析建立了路基动附加应力的动力模式 [146]，但并没有给出具体的求解方法，而且该程序仍然是基于静土力学理论编制的。蔡袁强等人基于 Biot 动力固结方程，考虑了土体和水体的惯性力以及水土耦合作用的影响，采用 Hankel 积分变换求解耦联合方程组，得到动荷载下饱和土 Lamb 问题的解答，并分析研究了渗透系数和激振频率对竖向位移的影响[201]。王常晶等人研究了列车移动荷载在弹性地基中引起的动力响应问题，认为应力的分布范围、幅值与列车速度密切相关。当列车速度小于地基中 Reyleigh 波速时，地基土中动应力分布规律与条形荷载等静力荷载引起的应力分布规律相似[202]，但没有讨论列车速度大于Reyleigh 波速时的地基中动应力的特性和分布规律。

由于道路的结构通常比较复杂，往往为多层层状体系，再加上材料的弹塑性性质，其应力和位移的解析表达式过于复杂，一般很难得到其理论解。到目前为止，交通荷载作用下路基中动附加应力时空分布规律等问题并没有解决好，特别是在国内，对于交通荷载下路基土动附加应力的研究还比较少见。

对于应力累积的研究，Reid 第一次提出地震过程应力场中应力累积的概念，并建立了弹性回弹模型来描述应力累积[203]；Bowman、King 等人基于 Reid 的弹性回弹模型及库伦准则建立了间歇临界状态模型，研究加速地震过程中应力累积与区域地震的关系，以描述地震过程中的应力累积现象，用于预测地震的发生和发展[204-208]。

现有关于应力累积的研究仅局限于地震的预测中，对于交通动荷载下路基土中的动应力累积，未引起研究者的足够重视。廖化荣等人经模型试验研究发现，在交通循环动荷载作用下，路基土中的动附加应力也会产生累积现象，进而引起路基土塑性应变的累积[3,209,210]。张庆华通过模型模拟试验，建立了交通荷载下路基土竖向动附加应力量化模型[210]，但研究假定路基为均质弹性半无限空间体，未反应软土路基的塑性和黏滞性。

1.2.7 存在的主要问题

综上所述，从国内外已开展的路基土力学行为的研究可以看出，路基土临界应力、破坏时机、塑性应变的累积、永久变形的预测都是很难确定和定义的，但在研究路面结构性能时，这些都是必要因素。

目前，国外的研究主要集中在循环反复荷载作用下路面结构层及路基土的力学行为，如研究不同围压对路基土永久变形和回弹模量的影响；不同循环加载次数与路基土永久变形、回弹模量的关系；研究不同循环荷载加载频率与路基土永久变形和回弹模量的关系；不同的循环荷载加载的持续时间、加载的间隔时间与永久变形、回弹模量的关系；研究不同密度、不同含水量、不同的土结构对路基土永久变形和回弹模量的影响；不同轴差应力状态对路基土永久变形的贡献和影响等。国内在此方面的研究相对于国外起步较晚，研究主要在循环荷载作用下土体应变率、土中孔压变化及预测、砂土的弹塑性模型及累积残余变形规律、临界循环应力比及门槛循环应力比、循环荷载下软土软化规律、循环荷载作用下道面和软土地基共同作用变形数值分析、双层地基的一维固结和路面板的弯沉、应力以及永久变形等方面，取得了一些重要成果，获得了一些有益的初步结论。

在循环动荷载作用下关于路基土动应力累积方面，已有初步定性成果，但对于量化方面，尚未进行深入系统的研究。

国内外已有的关于主应力轴旋转时土体应变的研究成果表明，保持其他受力特性不变仅旋转主应力轴土体将产生应变，但目前还不能很好地把握主应变增量与主应力增量或主应力方向之间的关系，因而在应力应变关系的预测以及本构模型的建立方面缺少实质性的指导意见。此外，关于主应力轴旋转对于土体后续的应力应变特性的影响目前存在争议，重点在于如何判断主应力轴旋转究竟产生多大的应变水平才会对后续土体性状有影响。目前这方面的实测数据还不多，选取的土样种类也十分有限，因此今后有必要积累这方面的试验资料。

另外，从已有关于主应力轴旋转的试验研究可知，主应力轴旋转会产生动应力的累积，而动应力的累积会直接导致孔隙水压力的累积并最终产生永久变形。目前，试验研究土样以分层沉积的砂土为多，无法验证纯主应力轴旋转引起的孔压增量，已有关于砂土在主应力轴旋转过程中的孔压开展特征是否适用于其他土质也有待于进一步确证。土体直接在主应力轴单向旋转条件下发生破坏的试验研究很少，在较高的剪应力水平下主应力轴单向旋转时土体因孔压增加而破坏的研究还比较缺乏。过去的试验循环频率很低，并不符合实际工程中的特点，如交通荷载"低应力低频率长持续"。

基于以上分析，有必要开展更合理的模型模拟试验及现场原型监测试验研究交通荷载下主应力轴旋转时路基软土中的动应力、动孔隙水压力、塑性应变的发展和累积规律研究。

1.3　研究思路、内容及技术路线

1.3.1　研究思路

本书通过模型模拟试验，研究交通动荷载作用过程中、主应力轴旋转时路基土中的动附加应力累积规律和孔隙水压力的累积规律，结合安定理论分析考虑动应力累积时的塑性应变累积，最终建立累积的动应力与累积的塑性应变之间的本构关系。

在交通荷载作用过程中，路基土中的任意一点包含着主应力轴的不断旋转和循环动荷载的反复加载过程，在此过程中，路基土体的动应力不断累积，导致动孔隙水压力不断累积，并产生相应的塑性应变累积；当塑性应变累积到一定程度，将使路面结构层产生破坏。本书为了解决交通荷载作用下路基土中动孔隙水压的累积特性、动应力的累积特性及塑性应变的累积特性问题，揭示由此导致的永久变形的产生机理及发展规律。

交通荷载循环施加在路基软土的过程中，先使路基软土中有效动应力产生、发展和累积，由此引起孔隙水压力发展、消散和累积，进而导致塑性应变的累积。为了研究交通荷载作用下路基软土的塑性应变累积及永久变形发展规律，必须先解决有效动应力的累积问题。在交通荷载作用下，随着荷载的不断循环往复，动应力产生累积，与此同时，孔隙水压力也在不断发展和累积。为求解循环交通荷载作用下有效动应力的增量，先求出孔隙水压力的增量及车辆荷载总应力增量，根据有效应力原理，可求得有效动应力增量。

路基土在循环动荷载作用下，土中某点在主应力轴旋转过程中，应力增量分为共轴应力增量 $d\sigma_c$ 和旋转应力增量 $d\sigma_r$ 两部分，这两部分应力增量均会引起相应的压缩固结变形和剪切变形。这反映了在循环动荷载加载过程中，软土中存在体积屈服和剪切屈服两个屈服面，且在两个屈服面之间存在安定性行为。因此，可以利用安定理论，借助双屈服面理论及等价粘塑性理论的推导过程，建立交通荷载下主应力轴旋转时路基软土的双屈服面等价粘塑性本构模型。

有效应力型本构模型的根本特点是不再假定动荷载作用下饱和土体不排水的条件，也不再建立相应的永久变形计算公式和孔隙水压力计算模型，而是基于对动荷载作用的复杂应力条件下路基软土的应力应变关系的非线性、剪缩剪胀性、各向异性以及变形累积性等的深入认识，直接通过模型模拟试验建立有效累积动应力与累积塑性应变之间的关系，同时反映剪应变和体应变的变化特性。经过对动本构模型的有效应力化，可以避开建立复杂多变的动孔压增长模式。

1.3.2　研究内容

本书主要通过不同循环加载条件下的模型模拟试验和现场原型监测试验，结合理论分析，研究交通荷载下主应力轴旋转时路基土中动应力、孔隙水压力及塑性应变的发展和累积规律，通过试验结果的拟合归一化处理及理论推导，建立动应力累积方程，并推导由动应力累积所产生的相应的累积塑性应变的本构模型，主要包括以下几方面。

1. 模型模拟试验及现场原型监测试验方案及设计

根据几何相似及物理相似原理，设计了模型模拟试验。模型试验主要模拟实际路面结构中的面层、基层和路基土，其中，面层材料采用混凝土，基层采用中粗砂，路基土采用软黏土，行车荷载采用改装的电动模型车。主要测试不同车速、深度、荷载强度、加载次数等循环加载条件下路基土中的动应力、塑性应变、动孔隙水压力的值。

现场原型监测试验测试不同循环加载条件下，实际公路路面结构中基层和路基土的动应力变化值，主要测试不同车速、不同深度、不同行车荷载下动应力的数值。

2. 路基土中动应力、塑性应变和动孔隙水压力在行车荷载作用下的发展、累积规律及影响因素研究

（1）动应力的累积扩散规律。对模型模拟试验和现场原型监测试验中获取的动应力试验数据进行分析，研究路基土动应力在行车荷载作用下的累积过程及变化规律，探讨行车速度、荷载大小、循环加载次数、路基深度等影响因素与动应力累积特性的关系。

（2）动孔隙水压力的发展、累积规律。对模型模拟试验中获取的动孔隙水压力试验数据进行整理和分析，研究路基土中孔隙水压力在行车荷载作用下的产生、发展、累积、消散过程及变化规律，探讨行车速度、荷载大小、循环加载次数、路基深度等因素变化时，路基土中孔压变化规律与这些影响因素的关系。

（3）塑性应变的累积规律. 对模型模拟试验获取的塑性应变试验数据进行分析，研究路基土塑性应变在行车荷载作用下的累积过程及变化规律，探讨行车速度、荷载大小、循环加载次数、路基深度等影响因素与塑性应变累积特性的关系，揭示塑性应变累积与孔隙水压力累积、动应力累积之间的相互关联性。

3. 揭示交通荷载作用下路基土动应力累积、塑性应变累积的机理，定性分析两者之间的相互关联性

采用安定理论，对交通荷载作用下路基土的动应力、塑性应变进行安定状态分析，并确定一个临界应力水平，判定路基土是否处于稳定状态。而路基软土表现出的动应力累积、塑性应变累积、迟滞行为、弹塑性行为等特性，与软黏土的结构性及土体内部的能量耗散状态密切相关。基于软土结构性、能量耗散及熵能理论的分析，定性探讨交通荷载作用下路基土动应力累积、塑性应变累积机理，系统分析影响循环动荷载作用下路基土力学行为的因素。

4.建立循环动荷载下主应力轴旋转时路基土的有效动应力累积方程并进行验证

为考虑路基土中主应力轴的旋转,总应力增量借助广义塑性势理论中的应力增量来表示。在求解循环交通荷载下路基土中孔隙水压力的累积量时,基于亨开尔孔压模型(Henkel,1966)考虑主应力轴旋转对孔隙水压力的影响,改进亨开尔孔压模型,根据拟合的孔压系数,求出反映交通荷载作用下的孔压增量。通过总应力增量和孔隙水压力增量的求解,按有效应力原理,求出有效动应力增量。对于有效动应力增量的累积过程,用循环加载次数取代时间因次,对有效动应力增量按循环加载次数进行积分,得出有效应力的累积方程。再结合增量法原理,在深度上按动应力扩散曲线进行积分,得出动应力累积随深度的分布规律。最后由VB程序语言编制的数值计算程序对动应力累积量进行计算,将计算结果与现场原型实测结果及模型模拟试验结果进行对比分析,验证动应力累积方程的正确性和合理性。

5.建立循环动荷载下主应力轴旋转时基土中累积的动应力与累积的塑性应变之间的本构模型并验证其正确性和合理性

在交通荷载作用下,路基土中某点在主应力轴旋转过程中,共轴应力增量 $d\sigma_c$ 和旋转应力增量 $d\sigma_r$ 引起压缩固结变形和剪切变形,路基软土中存在体积屈服和剪切屈服两种屈服状态,形成两个屈服面,且在两个屈服面之间存在安定行为。本书基于安定理论,采用双屈服面理论及等价粘塑性理论的推导,建立交通荷载下主应力轴旋转时路基软土双屈服面等价粘塑性本构模型。进而编制VB数值计算程序对塑性应变累积量进行计算,将计算结果与实际公路的工后沉降结果进行对比分析,验证模型的正确性和合理性。

1.3.3 技术路线及思路图

本书主要通过收集和整理循环动荷载下土的力学行为资料,设计了模型模拟试验和原型监测试验方案,基于试验数据的分析,结合安定理论、能量耗散理论、土的结构性、广义塑性位势理论、双屈服面理论及等价粘塑性理论等理论,详细探讨和分析了交通荷载下主应力轴旋转时路基软土的动应力累积特性及塑性应变累积特性,并推导了相应的动应力累积方程及累积的塑性应变模型。具体的思路思路及技术路线图如图1-9所示。

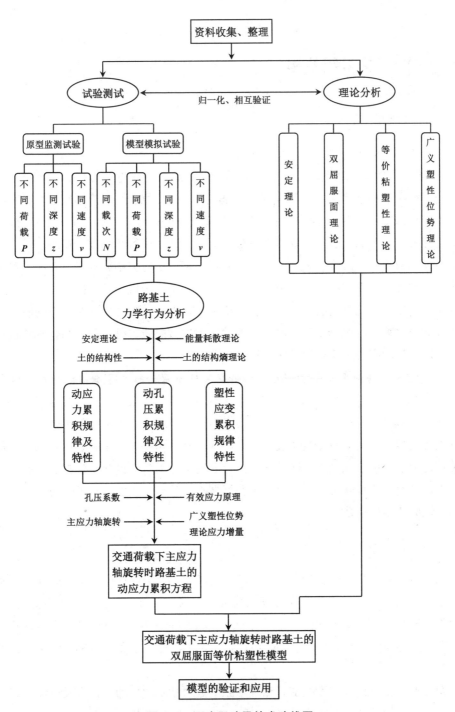

图 1-9　研究思路及技术路线图

1.4 创新点及组织结构

1.4.1 主要创新点

本书中的研究主要有以下 2 个创新点。

1.建立了交通循环动荷载下主应力轴旋转时路基土的有效动应力累积方程

行车荷载、加载次数、路基深度对路基土的动应力累积具有重要影响，已有的资料及研究成果显示，尚无学者将这三者结合起来分析和讨论，缺乏相关的量化研究。本书将三者结合起来，通过试验拟合参数和曲线，建立了行车荷载、加载次数、路基深度与动应力累积量的定量关系。交通荷载下路基土主应力轴旋转时，总应力增量借助广义塑性势理论中的应力增量来表示，改进亨开尔孔压模型，根据孔压系数的拟合归一化，求出反映交通荷载作用下的孔压增量。根据有效应力原理对有效动应力增量按循环加载次数进行积分，再在深度上按动应力扩散曲线进行积分，结合试验拟合参数，得出有效动应力累积量的求解方程。

2.建立了交通荷载下基于安定理论的路基软土双屈服面等价粘塑性本构模型

模型基于动应力累积的求解方程，考虑行车荷载、加载次数、路基深度对路基土塑性应变的影响。采用双屈服面理论及广义塑性位势理论，表示路基土中某点在主应力轴旋转过程中共轴应力增量及旋转应力增量引起的相应体积屈服和剪切屈服；基于安定理论和等价粘塑性理论，通过试验拟合的屈服面函数，推导并建立了交通荷载下基于安定理论的路基软土双屈服面等价粘塑性本构模型，模型反映了交通荷载下路基土的塑性应变累积特性。

1.4.2 组织结构

第 1 章详细介绍研究背景、研究目的和意义，对目前国内外已开展的动荷载研究进行全面归纳和总结，主要分为循环动荷载下土的变形特性、孔隙水压力变化特性、动力本构模型、基于安定理论的力学行为、动应力特性等几个方面进行阐述，并分析了已有研究存在的不足和主要问题，由此提出本书的研究思路、技术路线及研究内容和创新点。

第 2 章主要介绍模型模拟试验和现场原型监测试验的目的、原理及设计方案，并对试验材料、仪器设备、试验过程和步骤、试验内容等展开论述。

第 3 章对模型模拟试验及现场原型监测试验测试数据进行整理、归纳和总结分析,探讨路基土中动应力、塑性应变和动孔隙水压力在行车荷载作用下的发展、累积规律及影响因素,并基于软土结构性、能量耗散及熵能理论的分析,定性研究交通荷载作用下路基土动应力累积、塑性应变累积机理,系统分析影响循环动荷载作用下路基土力学行为的因素。

第 4 章主要基于广义塑性位势理论中应力增量的推导,改进亨开尔孔压模型,结合有效应力原理,借助模型试验拟合参数,考虑循环加载次数、车载强度、路基深度对动应力累积的影响,推导并建立了循环动荷载下主应力轴旋转时路基土有效动应力累积方程,采用 VB 程序语言编制程序进行数值计算,与实际道路进行对比,验证方程的合理性和正确性。

第 5 章通过试验数据拟合并确定了交通荷载下路基土的体积屈服面和剪切屈服面,将考虑主应力轴旋转的广义塑性位势理论与安定理论和等价粘塑性理论相结合,建立交通循环动荷载下基于安定理论的路基软土双屈服面等价粘塑性本构模型,并编制计算程序对模型进行数值计算,与实际开放交通后的公路沉降进行对比,验证模型的合理性和实用性。

第 6 章简要总结并指出进一步研究的方向和建议。

1.5 小结

本章主要介绍了本书的研究背景、研究目的和意义,从循环动荷载下土的变形特性、主应力轴旋转下路基土中应力 – 应变特性、土中孔隙水压力变化特性、土的动力本构模型、于安定理论的路基土力学行为、路基土中动应力特性 6 大方面,对目前国内外在交通循环动荷载作用下路基土中的力学行为研究进行综合论述并给出相关评价,指出了现有研究存在的不足,由此提出本书的研究思路,进一步对研究内容、技术路线流程及创新点、组织结构进行了详细分析和阐述。

第2章 模型模拟试验及原型监测试验方案设计

2.1 引言

交通荷载是一种动荷载，其大小随时间发生变化。动荷载作用于土体，主要有两种效应：一是速率效应，即荷载在很短的时间内以很高的速率施加于土体所引起的效应；二是循环效应，即荷载的增减，多次往复循环地施加于土体所引起的效应[131]。对于修建在软土地基上的高速公路，行车荷载的作用范围、作用时间很复杂，行车荷载作用下软土地基的变形性状是值得进一步研究的课题[211]。交通荷载的特点就是"低频长时持续反复加载"，其变化频率不高，作用时间相对较长，与其他地震荷载、冲击荷载、波浪荷载等具有不同的特性，一般考虑循环效应较多。车辆行驶时对路面和路基的作用荷载会因车型、车速不同而差别很大，其作用大小、作用时间及作用频率均呈动态变化，且主应力轴在不断旋转，要准确模拟比较困难，一般将交通荷载近似作为循环动荷载考虑。

2.2 模型模拟试验

2.2.1 试验目的

本书进行的路基土循环动荷载模型模拟试验以及原型监测试验，是为了了解在循环动荷载作用过程中，主应力旋转时路基土的动应力累积、孔隙水压力累积、塑性应变累积以及安定（shakedown）等行为，分析循环动荷载下路基土的各种力学行为的特性，探讨路基土在循环荷载作用下的动应力和塑性应变累积规律，预测永久变形的发展趋势，揭示路基土累积效应产生的机理，探讨影响循环动载下土的塑性永久变形的影响因素（如循环加载次数、荷载大小、车辆速度、路基深度等）。

项目课题组成员于 2007 年 7 月至 2007 年 12 月进行了模型模拟试验，主要用于模拟公路路基软黏土在交通荷载下的塑性力学行为，探讨动应力的时空分布规律、累积效应及路基土塑性应变累积、永久变形的特性和发展规律；现场原型监测试验主要用于研究动应力累积的特性，与模型模拟试验得出的规律进行对比分析。对模型模拟试验及现场原型监测试验测试数据进行整理、归纳和总结分析，并基于软土结构性、能量耗散及熵能理论的分析，定性分析并揭示交通荷载作用下路基土动应力累积、塑性应变累积机理，系统研究影响循环动荷载作用下路基土力学行为的因素。

2.2.2　模型模拟试验原理及设计方案

1. 试验原理

模型试验就是指按一定的几何、物理关系用物理模型代替原型进行测试研究，模型模拟试验是本书研究的一个重要组成部分。如果用小模型来代替原型进行研究，为保证试验结论的可比性和有效性，二者必须满足一定的几何与物理相似关系。下面从几何相似和物理相似两方面对模型模拟试验原理进行论述。

（1）几何相似。如果一个图形能借助连续的、保真的（无畸变的）变换转换为另一个图形，则这两个图形是几何相似的。模型与原型的几何相似即要求二者所占的空间对应尺寸之比为某一定值，该值称为几何相似常数，一般用 C_L 来表示。C_L 越大，模型的变形规律越接近原型，试验的准确性越高；当 $C_L=1$ 时，模型退化为原型。

本书的模型主要模拟实际路面结构中的面层、基层、路基土及车辆。由于路基土在水平空间上是无限延伸的，因此在设计试验的模型时，以基层大小作为参照设计。以双向 4 车道高速公路为例，基层宽度一般按 28.0 m 设计，其长度相对于宽度近似看作无限延伸的，基层厚度与路基填土高度有关。

① 面层。面层主要起到传导、分散和均化行车荷载对基层和路基土的作用。在设计面层厚度时，主要考虑混凝土能够承受车辆的重量，模型试验车辆设计载重为 15.0 ～ 65.0 kg，因此根据实际情况确定面层厚度为 5.0 cm，即可承受模型车荷重。

② 基层的长度、宽度及厚度。对于模型试验中基层的长度，在满足几何相似的基础上，按 $C_L=1$：100 缩小，结合试验的实际操作性和可行性，取基层的长度为 1.2 m。同理，基层宽度取为 1.0 m。目前软土路堤填筑厚度一般为 5.0 ～ 15.0 m，最

厚可达 20.0 m，试验模拟填土厚度亦按 $C_L=1$：100 缩小。因此，试验中基层的厚度约为 $5.0 \sim 20.0$ cm，本试验取为 10.0 cm。

③ 路基土的长度、宽度及厚度。当行车荷载通过面层和基层时，荷载通过基层分散均化后传递到路基土，实际的受力过程非常复杂，求解十分困难。为简化计算，采用矩形均布荷载条件进行分析，结合几何相似原理确定其影响边界，最终确定试验中路基土的长和宽与基层长、宽相等，即长度为 1.2 m，宽度为 1.0 m。

由于实际路基软土层厚度差别很大（$0.5 \sim 30.0$ m 或更大，且变化不等），土层的分布不均匀，土中的应力－应变关系很复杂，因此不可能简单地采用按一定比例缩小进行试验。受模型尺寸以及操作性的影响，试验中土层的厚度有一定限制。对于均质单层土体，土体所受应力在自上而下的传递过程中会随深度增加呈非线性递减的趋势。根据静载下土中应力分布规律，在深度为 1.0 m 时，土中应力约为表层土所受应力的 7%。考虑到动应力主要集中在路基土浅层，并考虑试验的工作量、可操作性及可行性，本书的模型模拟试验确定路基土厚度为 1.0 m。

④ 模型车。车辆也必须按一定的比例进行缩小，设计模型车宽度 20.0 cm，小于车道 28.0 cm，长宽按 1：1.5 设计，车辆长度 30.0 cm，与实际车辆大小长宽比相似。轮间距 20.0 cm，两排车轮分别位于距车前端 5.0 cm 和 20.0 cm 处。

（2）物理相似。模型与原型之间所对应的物理量应成一定比例，土工模型试验中需要模拟的主要物理量有应力、时间和速度等。由于事物的运动都有一定的规律，各物理量之间应该符合实际道路行车情况。

① 基层和路基土中应力水平。前文分析了路基土在不同应力水平下的三种应力－应变特性，当路基土处于不同应力状态时，其变形特性也不同。土体应力－应变关系决定于路基土体特性，与模型尺寸无关，因此在进行模型试验时，土中应力分布必须符合真实土体受力，而不能进行相应缩小。否则，就不能全面讨论路基土在真实行车荷载作用下的变形特性。

土中应力水平主要决定于行车荷载的强度及车速，因此在设计模型车辆时，必须从车辆重量、轮胎与路面接触面积以及车速三个方面进行考虑。

· 行车荷载的强度。实际路面行车荷载强度主要与车辆载重、轮胎与路面接触面积有关。目前，在我国公路上，行驶的货车的后轴轴载，一般在 $60 \sim 130$ kN 范围内，大部分在 100 kN 以下。普通轿车对路面的压强一般可达到 $500 \sim 600$ kPa，运输车载重后对路面的压强可达到 $800 \sim 1~100$ kPa。为了使模型试验土中应力水平接近真实水平，并且保证模型车的重量不会太大，车轮宽度选取为 $2.5 \sim 5.0$ cm（约为实际车轮宽度的 $1/20 \sim 1/10$），高度（外径）为 $4.0 \sim 6.0$ cm（约为实际车轮高度的 1/10），模型车与试验车道接触面积控制在 10.0 ～ 20.0 cm²（约为实际接触面积的 1/100 ～ 1/20），模型试验采用四轮小车，如果车辆重量为 25 ～ 70 kg，则车轮对路面的压强为 30 ～ 140 kPa，即路面所受应力水平符合实际情况，不同之处在于接触面积减小。

·车速。土中应力水平除与车辆重量和轮胎与路面接触面积有关外，还是车速的函数，目前一般高速公路设计时速为 60 ～ 120 km/h，根据凌建明[146]关于行车速度与加载时间的研究，当行车速度分别为 61 km/h，75 km/h，93 km/h 时，对应的加载时间为 0.5 s，0.4 s 和 0.3 s，本试验通过控制加载时间来确定模型车代表的实际行车速度。

本次模型模拟试验采用直车道进行测试，模型车加载时间按 0.5 s，0.4 s 和 0.3 s 进行试验，则试验时的车速度分别为 2.4 m/s，3.0 m/s，4.0 m/s，对应的实际交通行车速度为 61 km/h，75 km/h，93 km/h。

② 时间（频率）。高速公路行车荷载作用下路基土变形主要是累积变形，与车辆通过频率有很大关系。按目前高速公路设计规范，昼夜通车量为 25 000 辆 / 天，通车频率约为 0.25 ～ 0.30 Hz，设计试验车道总长为 8.0 m，可通过控制模型车加载的间隔时间，使加载频率在 0.20 ～ 0.45 Hz，比较接近实际水平。

2. 设计方案

通过几何相似与物理相似原理的分析，结合实际试验条件以及试验的可行性和可操作性，模型模拟试验是在 1.2 m×1.0 m×1.15 m（长 × 宽 × 深）的坑道内完成的，引导车道总长 8.0 m，引导车道中轴线位置设置导槽（见图 2-1，表 2-1）。具体设计方案的平面图和剖面图如图 2-2 和图 2-3 所示。

图 2-1　试验坑道及引导车道

表 2-1　试验坑道及引导车道参数

——	长 /cm	宽 /cm	深 /cm
试验坑道	120.0	100.0	115.0
引导车道	800.0	28.0	–

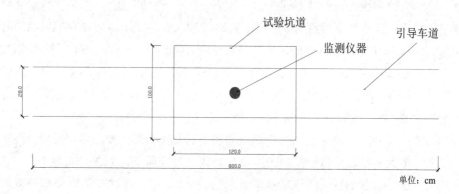

图 2-2　模型试验平面示意图

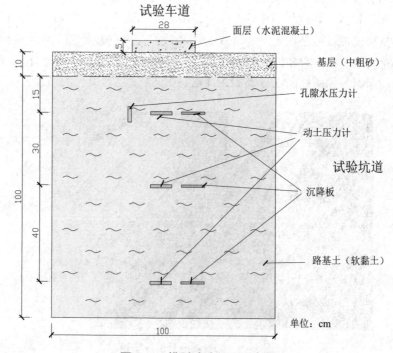

图 2-3　模型试验剖面示意图

2.2.3　试验材料及仪器设备

1. 试验材料

面层材料采用水泥混凝土，基层材料采用中粗砂，路基土采用软黏土，路基土采自广州某高速公路软基段施工场地，为淤泥质粉质黏土，取样深度 2.5 ～ 4.2 m。通过室内常规物理力学试验，得到土的物理力学性质指标。具体试验参数如表 2-2 和表 2-3 所示。

表 2-2　路面结构层参数

——	面　层	基　层	路基土
材料	水泥混凝土	中粗砂	淤泥质粉质黏土
厚度 /cm	5.0	10.0	100.0

表 2-3　路基土物理力学性质指标

容　重 / (kN/m^3)	孔隙比 —	含水率 w /%	液限 W_L /%	塑限 W_P /%	密　度 / (g/cm^3)	塑性指数 I_p —	快　剪	
							粘聚力 c /kPa	内摩擦角 ϕ / (°)
16.1	1.808	66.0	67.0	38.0	1.61	29	7.4	8.2

2. 试验仪器设备

模型模拟试验需测试并采集动应力、沉降以及动孔隙水压力数据。其中，模型车采用自行设计加工的前轮驱动电动小车（见图 2-4），模型车的规格见表 2-4；动应力测试及数据采集采用南京水利科学研究院研制的陶土式动土压力盒及配套的测量控制单元（见图 2-5）；沉降测试及数据采集利用不锈钢沉降板、上海天沐自动化仪表有限公司研制的 NS-WY02 型位移变送器及配套的 NS-YB04-A-V-0-0-1 位移显示仪（见图 2-6）；孔隙水压力采用孔隙水压力计及 DKY-51-2 振弦式传感器记录仪进行量测和采集（见图 2-7）。

试验过程中总共埋设 3 个动土压力盒，埋设深度分别为基层底面以下 15.0 cm，45.0 cm 和 85.0 cm；埋设 3 块沉降板，沉降板由正方形底板（长 × 宽 × 厚 = 3.0 cm × 3.0 cm × 0.2 cm）与长杆（φ=1.0 cm）焊接制成，长度分别为 85.0 cm，

100.0 cm 和 120.0 cm，埋设深度与动土压力盒位置对应基层底面以下 15.0 cm，45.0 cm 和 85.0 cm；埋设孔隙水压力计 1 个，埋设深度为基层底面以下 15.0 cm。不同荷载等级采用铁砝码进行加载，砝码加载等级分别为 10.0 kg，30.0 kg 和 50.0 kg。各仪器设备的具体埋设情况见表 2-5 及图 2-3，仪器设备连接情况如图 2-8 所示。

图 2-4　自制模型车示意图

表 2-4　模型车规格

自　重 / kg	15.0		
规　格	长 / cm	宽 / cm	高 / cm
	30.0	20.0	30.0

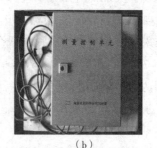

（a）　　　　　　　　　　　　（b）

图 2-5　动应力量测仪及数据采集仪

（a）陶土式动土压力盒；（b）测量控制单元

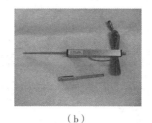

（a）　　　　　　　　　　（b）　　　　　　　　　　（c）

图 2-6　应变量测仪及数据采集仪

（a）不锈钢沉降板；（b）NS-WY02 型位移变送器；（c）NS-YB04-A-V-0-0-1 位移显示仪

（a）　　　　　　　　　　　　　　（b）

图 2-7　孔隙水压力计及数据采集仪

（a）孔隙水压力计；（b）DKY-51-2 振弦式传感器记录仪

图 2-8　仪器设备连接示意图

表 2-5　试验仪器设备设置及埋设状况

——	数　量	埋设位置 / cm（基层底面以下）		
孔隙水压力计	1 个	15.0		
动土压力盒	3 个	15.0	45.0	85.0

（续 表）

——	数 量	埋设位置 / cm（基层底面以下）		
沉降板	3块	15.0	45.0	85.0
加荷等级	3级	25.0	45.0	65.0

2.2.4 试验内容、过程及步骤

1. 试验内容

试验内容包含两部分：常规物理力学性质试验及模拟交通荷载作用的循环动荷载试验。

（1）常规物理力学性质试验。在循环动荷载车辆加载前、后分别取样进行试验，用于对比分析车辆加载前、后路基土各物性指标的变化，确定车辆加载对路基土的力学性质的影响程度。室内常规实验主要测量以下参数：含水率 w、密度 ρ、液限 W_L、塑限 W_p、粘聚力 c（快剪）、内摩擦角 ϕ（快剪）。

（2）循环动荷载模型模拟试验。循环动荷载模型模拟试验主要进行如下试验内容。

① 循环动荷载下路基土中动应力累积效应及规律。

② 循环动荷载下路基土中动孔隙水压力的累积效应及规律。

③ 循环动荷载下路基土中塑性应变及永久变形的累积效应及规律。

④ 动应力、动孔隙水压力和塑性应变累积的控制因素及其影响规律，主要包括加载次数、车辆载重、车速及路基深度等4个方面。

2. 试验过程及步骤

模型模拟试验主要步骤为：制备和填埋软黏土样→埋设量测仪器→铺设基层和面层→连接量测仪器→预压固结→循环动荷载试验→数据采集、整理和分析。

（1）制备和填埋软黏土样。将原状软黏土样重塑，加水搅拌，在重塑土样过程中应注意搅拌均匀，使土样饱和并处于软塑状态，尽量接近原状土样的初始状态。将制备好的重塑土样分层填埋，每层厚度约为20.0 cm，并分层夯实。

（2）埋设量测仪器。当分层填埋土样的深度至量测仪器埋设深度时，进行仪器的埋设，按表2-5所示的深度分别埋设动土压力盒、沉降板及孔隙水压力计。

① 动土压力盒的埋设：在预设深度上埋设动土压力盒，埋设深度分别为基层底面以下15.0 cm，45.0 cm和85.0 cm。在埋设过程中，注意保持压力盒表面的水平，并在压力盒表面上、下各均匀铺一层1.5 cm厚的细砂，以保证土压力盒受力均匀。

② 沉降板的埋设：沉降板的埋设深度与动土压力盒埋设深度相对应，分别为基层底面以下 15.0 cm，45.0 cm 和 85.0 cm，其中，120.0 cm 长的沉降板埋设在最底部，100.0 cm 的板埋中间，80.0 cm 的板最上层。在埋设过程中，注意保持沉降板底板表面的水平，并在沉降板地板的上、下各均匀铺一层 1.5 cm 厚的细砂，使沉降板的受力均匀及沉降均匀；并在沉降杆外套上 PVC 套管（$\varphi=4.0$ cm），使沉降杆与软黏土分离，确保量测的精度。之后继续填埋软黏土样直至设计高度。

③ 孔隙水压力计的埋设：孔隙水压力计埋设深度为基层底面以下 15.0 cm。在埋设孔隙水压力计之前，先进行率定以确保仪器正常。再将其端部的透水石取出，用水浸泡 24 h 以排除其中的空气。孔隙水压力计端部空腔内注满清水，并在清水中装上透水石，埋设前整个仪器一直浸没在清水中。为了保证孔隙水压力计进水口畅通，防止泥浆液堵塞，埋设时进水口或整个仪器要清洗干净，且以饱和中、细砂用密钢丝网包裹，组成直径约 8.0 cm 的人工滤层。埋设时应避免孔隙水压力计空腔内预先注入的清水流出而影响测值的可靠性。放置孔压计在设定位置后即刻填埋软黏土。

（3）铺设基层和面层。当填埋的软黏土样厚度达 1.0 m 时，将土样夯实平整。在平整好的软黏土样上铺设 15.0 cm 厚的中粗砂作为基层（预留 5.0 cm 砂层以抵消试验过程中陷入软土的砂层厚度），砂层应铺设均匀。在铺设均匀的基层面上铺设浇筑好的水泥混凝土面层（长 × 宽 × 厚 = 120.0 cm × 28.0 cm × 5.0 cm）。最后再铺设引导车道及导槽，其中引导车道长为 8.0 m，宽为 28.0 cm。

（4）连接量测仪器。将动土压力盒的引线与测量控制单元相应端口相连。沉降杆的末端与位移变送器量测杆连接，保证接触点不发生滑移；位移变送器引线与相应的位移显示仪相连。孔隙水压力计与振弦式传感器记录仪相连。最后，所有采集仪器均联机在 PC 电脑上，利用相应的采集软件进行数据的自动采集。

（5）预压固结。将模型车加载至 65.0 kg 置于面层之上，静止预压 15 d，使模型试验的路基软土初始状态与实际公路开通前的路基软土初始状态尽量保持一致。

（6）循环动荷载试验。当软黏土预压固结完之后，模拟交通荷载进行循环动荷载试验。试验循环加载次数为 1 ～ 300 次，按 3 种车重、3 种车速分别进行，共 9 组试验，每组试验做 2 ～ 3 次，每次试验完毕重新搅拌土样，重新填埋，重复 1 ～ 6 的步骤。具体试验参数如表 2-6 所示。

表 2-6　循环动荷载试验参数

荷载重 / kg			车　速 /（m/s）		
25.0	45.0	65.0	2.4	3.0	4.0

（7）数据的采集、整理与分析。每次试验前，均先设置车载大小、加载频率及每一周期数据自动采集点，设置完毕后，精心试验。试验数据由计算机及相应的数据采集仪自动采集，可精确到小数点后 6 位。其中，动应力的采集数据点为 10 个 /s，采集频率为 10 Hz；沉降的采集数据点为 2 个 /s，采集频率为 2 Hz；孔隙水压力值采集的数据点为 1 个 /s，采集频率为 1 Hz。试验中循环动荷载作用下土体破坏以应变达到 5% 为标准。

动应力值采用每一周期动应力曲线的峰值与谷值之间 20 个数据点的平均值；孔隙水压力值按实际采集的数据点值确定；沉降值按每一周期应变曲线的峰值与谷值之间 10 个数据点的平均值。仪器设备实际采集的动应力、孔隙水压力及沉降数据均为电子信号数据，必须乘以仪器设备的校正系数后，才能转化为相应的动应力值、孔隙水压力值和沉降值，沉降值进一步换算成塑性应变值，进行路基土力学特性的分析。

2.3　原型监测试验

2.3.1　概述

为验证模型模拟试验中动应力累积数据的可靠性和精确性，项目课题组与广东省公路建设有限公司及广东省航盛建设集团有限公司合作，进行了两次现场原型监测试验，分别选取广东省太澳公路顺德碧江至中山沙溪段 K47+795 附近及（广珠西线）中（山）–江（门）高速公路某软基标段作为原型监测的试验段（见图 2-9）。动应力数据的量测也是利用南京水利科学研究院研制的陶土式动土压力盒，采集仪器为配套的 HCU-1 型多路高速数据采集仪（见图 2-9）。

（a）　　　　　　　　　　（b）　　　　　　　　　　（c）

图 2-9　原型监测测试现场

（a）太澳公路试验段；（b）（广珠西线）中–江高速公路试验段；（c）HCU-1 型多路高速数据采集仪

2.3.2　太澳公路顺德碧江至中山沙溪试验段

1. 工程概况及软基处理设计

所选定埋设仪器的点为 K47+759 断面，为鱼塘埂，两旁为鱼塘。根据设计图及地质钻探资料，K47+759 附近的 K47+796.3 断面的地面标高为 2.117 m，其下 33.0 m 土层为深灰色淤泥、淤泥质亚黏土交互分布，淤泥厚约 4.0～22.0 m，夹多层薄层中砂，饱和、流塑。底层为中密～密实粉砂、软塑～硬塑亚黏土。K47+759 断面（试验断面）的鱼塘填砂 2.3 m，然后用长 21.0 m，间距 1.5 m、等边三角形布置的塑料排水板加超载 1.0 m 预压进行处理，设计填土高度为 4.4 m。

2007 年 12 月 7 日开始埋设第一块动态土压力传感器，在不同位置共埋设了 12 块。现场测试工作从 2007 年 12 月 11 日展开，分别在 2007 年 12 月 11 日、2007 年 12 月 21 日、2007 年 12 月 31 日、2008 年 1 月 8 日和 2008 年 1 月 18 日进行了 5 次测试工作，共采集了 900 余次试验数据。

2. 试验内容及仪器设备布设

（1）试验内容。本次试验开展 4 个方面的试验研究，均为单次加载情况：① 测试车辆动荷载的动应力累积规律；② 测试车辆动载应力扩散规律和影响深度；③ 测试车辆荷载作用下软弱路基中动孔隙水压力变化规律；④ 测试车辆动载下路基土的变形。由于现场公路施工条件及工期的原因，测试尚未全部完成，迄今为止只开展了第①和②项的试验，其余测试仍在继续中。

具体测试了 2 个方面的内容：① 不同车载单次加载下路基土中的动应力分布规律及影响深度；② 车辆单次加载时，慢速和中速行驶状态下路基土中的动应力分布规律。

（2）仪器设备布设（见图 2-10、图 2-11）

当基层填土厚度达设计标高 5.0 m 时，在主车道路面结构下方 5 个深度埋设陶土式动土压力盒，具体深度为基层填土顶面以下 0.5 m，2.0 m，3.5 m，4.0 m（即砂垫层顶部，底基层顶面），塘埂面下 5.5 m 处（即路基软土顶部，塘埂面下 0.5 m 处）。

3. 试验过程及参数

试验采用 3 种荷重的车辆进行加载，分别为轻型五十铃皮卡轿车，重约 2.14 t；工程运土车空车，重约 17.0 t；满载土的工程运土车，重约 50.0 t。3 种荷重车辆分别按慢速和中速两种速度进行测试，慢速约为 10.0 km/h，中速约为 25.0 km/h。另外，还采集了压路机在速度约为 8.0 km/h 时振动与不振动两种情况下路基中的动应力分布情况。

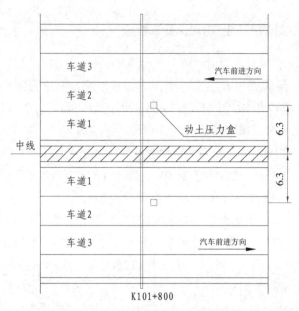

图 2-10　仪器布置平面示意图

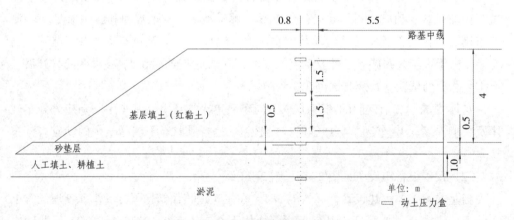

图 2-11　仪器布置剖面示意图

2.3.3　（广珠西线）中（山）–江（门）高速公路桥头试验段

此次原型测试于 2006 年 4 月进行，开展试验时，（广珠西线）中（山）–江（门）高速公路已开放通车。该试验段为桥头路基段，主要是为了测试实际交通荷载作用下路基中的动应力分布和累积规律。测试过程中，交通车辆载重为 1.5 ～ 50.0 t，车速为 60 ～ 100 km/h。受工程条件限制，动土压力盒埋设深度为面层以下 30.0 cm，未能对路基土中动附加应力进行监测。具体仪器布置平面图、剖面图见图 2-12；现场测试情况见图 2-13。

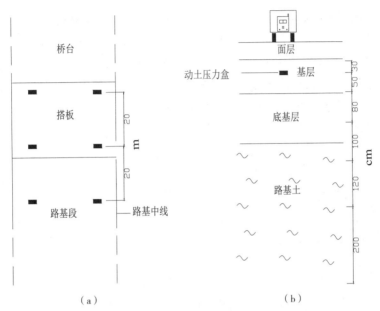

（a）　　　　　　　　　　（b）

图 2-12　仪器布置示意图

（a）平面图；（b）剖面图

图 2-13　测试现场交通状况

2.4　小结

在交通荷载循环作用下，公路路面结构容易出现车辙、路面开裂及不均匀沉降等病害，主要是由于交通荷载在路基土中产生动应力的累积效应，引起路基土中塑性应变的累积及永久变形的发生。但现有的室内动三轴试验不能模拟和量测动应力累积现象，现场的原型监测数据也较缺乏。本章介绍的模型模拟试验和现场原型监测试验就是为了解决这些问题。

本章主要开展了交通荷载循环作用下的路基软土中力学状态的模拟试验及现场原型监测试验，详细介绍了模型模拟试验的原理、目的、仪器设备及试验过程、步骤等；并简要介绍现场原型监测试验的工程概况和试验方法等。试验取得了交通荷载作用下路基土中动应力和塑性应变产生、发展、累积的第一手宝贵资料，通过试验数据的整理和分析，为实际公路路基的设计和施工提供依据。

第 3 章 交通荷载下路基软土动应力及塑性应变累积特性

3.1 引言

交通荷载既是周期荷载，又是不规则荷载。车辆行驶对道路及路基的动力作用会因为车型、车速不同而变化，因而交通荷载大小及作用频率都是呈动态变化的。本书在研究时将交通荷载简化为长期的、有规律的循环动荷载考虑。路基软土在循环动荷载作用下的变形性状远比受静荷载时复杂，表现出明显的变形非线性、滞后性、累积特性，具有弹、粘、塑性特点，加上土中水的影响，使土的动应力应变关系表现极为复杂[212]。

本章通过模型模拟试验的结果，对试验数据进行全面整理和详细分析，研究交通荷载作用下路基软土的动应力、塑性应变的累积效应及土中的弹塑性和黏滞性等特性，对循环动荷载下影响路基软土中动应力、塑性应变累积效应、弹塑性及黏滞性的主要因素进行分析，包括加载次数（N）、路基深度（z）、车速（v）、荷载强度（P）等，总结交通荷载下路基软土中动应力、塑性应变的累积规律，对土体的累积效应、弹塑性及黏滞性机理进行定性分析。

根据第 2 章模型模拟试验的结果，绘制相应的试验曲线。各试验曲线选取车辆加载循环次数为第 5，10，15，…，295，300 次时对应的动应力、孔隙水压力和塑性应变试验数据绘制，具体试验数据详见附录。

3.2 交通荷载的转换和确定

3.2.1 实际交通荷载的转换和确定

路面结构所受的移动荷载主要分为突加移动荷载和匀速移动荷载，其数学表达式分别为式（3-1）和式（3-2）[213]：

$$F(t) = P\delta(x - vt)\delta(y)H(t) \tag{3-1}$$

$$F(t) = P\delta(x - vt)\delta(y) \tag{3-2}$$

式中，$\delta(\cdot)$ 为 $\delta(t)$ 的函数；$H(t)$ 为单位阶跃函数。

实际的交通荷载换算还要考虑轮胎与路面的接触情况，并结合路基路面工程设计和施工经验确定。轮胎的刚度随轮胎的新旧程度而有不同，接触面的形状和轮胎的花纹也会影响接触压力的分布，一般情况下，接触面上的压力分布是不均匀的。在路面设计中，通常忽略上述影响因素而直接取内压力作为接触压力，并假定在接触面上压力是均匀分布的。轮胎与路面的接触面形状轮廓近似于椭圆形，因其长轴与短轴的差距不大，在工程设计中以圆形接触面积来表示（见图3-1）。将车轮荷载简化成当量的圆形均布荷载，并采用轮胎内压力作为轮胎接触压力 p。当量圆的半径 δ 可以按下式确定[213]：

$$\delta = \sqrt{\frac{p}{\pi P}} \tag{3-3}$$

式中，p 为作用在车轮上的荷载 /kN；P 为轮胎接触压力 /kPa；δ 为接触面当量圆半径 /m。

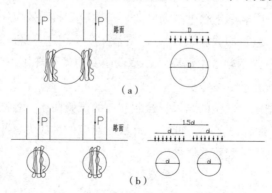

图 3-1　轮胎与路面接触形状示意图[213]

（a）单轮；（b）双轮

则单轮轮胎接触压力 P 可表示为[213]：

$$P = \frac{p}{\pi \delta^2} \tag{3-4}$$

3.2.2　模型模拟试验循环动荷载的转换和确定

模型车车轮宽度约为 4.0 cm，根据图 3-1（a）中的单轮接触情况，按式（3-4）进行转换。车重共三个等级：25.0 kg，45.0 kg，65.0 kg，则按式（3-4）换算后的对应荷载 P 分别为 20.0 kPa，35.8 kPa，51.8 kPa。车轮在行驶过程中，滚动的车轮接触压力有所增加，达到（0.9 ～ 1.1）P[213]。本书将行车荷载简化为单轮荷载，按图 3-1（a）和 1.02 ～ 1.10 P 进行换算，最终得出模型车对应的循环动荷载的强度分别为 22.0 kPa、39.4 kPa 和 57.0 kPa（见表 3-1）。

表 3-1　模型车循环动荷载等效转换

——	荷载等级		
模型车重 /kg	25.0	45.0	65.0
转换的循环动荷载 /kPa	22.0	39.4	57.0

3.2.3　模型模拟试验行车速度的转换和确定

根据第 2 章 2.2 关于模型模拟试验中模型车车速的确定问题，模型车加载时间分别为 0.5 s，0.4 s 和 0.3 s，则试验时的车速度分别为 2.4 m/s，3.0 m/s，4.0 m/s，代表了实际行车速度为 61.0 km/h，75.0 km/h，93.0 km/h（见表 3-2）。

表 3-2　模型车车速与实际行车速度的等效转换

——	对应的转换值		
模型车加载时间 /s	0.5	0.4	0.3
模型车车速 /（m/s）	2.4	3.0	4.0
代表的实际行车速度 /（km/h）	61.0	75.0	93.0

3.3　动应力的累积特性及影响因素

1. 动应力累积概念

　　路基土体在交通荷载反复作用下，由于土的粘弹塑性性质，当第一个周期的车辆动荷载卸除之后，土中产生的动应力来不及完全释放，紧接着第二个周期的车辆动载继续施加，前一周期车载产生的动应力未释放部分将累加到下一周期车载产生的动应力之中，随着车辆动荷载次数的增加，路基土中动应力持续累积，导致动应力累积现象及累积效应（图3-2）。随着行车动载的持续，在某一临界状态以下时，动附加应力的累积可能收敛于某一定值；一旦动应力的累积超过临界状态，则土中动应力将不断增大，造成路基塑性变形不断累积甚至导致路面结构的破坏[3,209,210]。以下对影响动应力累积效应的主要因素进行分析，包括加载次数（N）、路基深度（z）、荷载强度（P）和行车速度（v）。

2. 循环加载次数 N 对动应力累积的影响

　　如图3-3所示，为模型实验循环加载次数 N 与动应力关系曲线。图3-3（a）为车载强度 P =39.4 kPa、模型车车速 v = 2.4 m/s、路基土深度 z = 15.0 cm 时循环加载次数与动应力之间的关系曲线。图3-3（b）为车载强度 P =39.4 kPa、模型车车速 v = 3.0 m/s 时，路基土深度 z = 45.0 cm 时循环加载次数与动应力之间的关系曲线。图3-3（c）、3-3（d）为路基土深度 z = 15.0 cm、模型车车速 v = 3.0 m/s 时，车载强度 P 分别为 22.0 kPa 和 57.0 kPa 时循环加载次数与动应力之间的关系曲线。从图中可以得出：

　　（1）随着循环加载次数的增大，土体中的动应力均呈现累积的趋势，表现出典型的动应力累积效应。随着循环加载次数的增加，循环加载次数与动应力关系曲线的斜率逐渐减小，动应力累积速率逐渐减小。土体的动应力累积主要分为两个阶段，第一阶段为累积速度较快的阶段，累积量较大，达到一定加载次数后，进入第二阶段，动应力累积速度开始减缓，但累积量一直都在增加。

　　（2）不管荷载强度、行车速度和路基土深度是否存在差异，循环加载次数与动应力关系曲线均在加载次数 40 ～ 50 次之间开始出现拐点，动应力累积速率在此范围内达到最大值，即前面所提到的第一阶段；在循环加载次数达 100 次以后，动应力累积速度开始减小，土中动应力增大趋势明显减缓，但动应力累积总量随着加载次数的增加仍在不断增大。

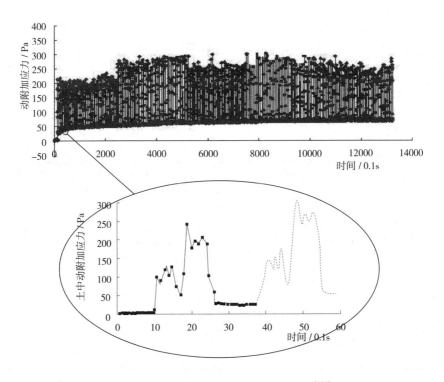

图 3-2　动应力累积效应及时程曲线[209]

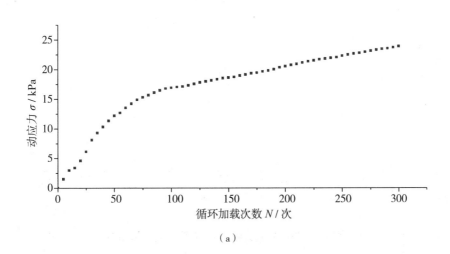

（a）

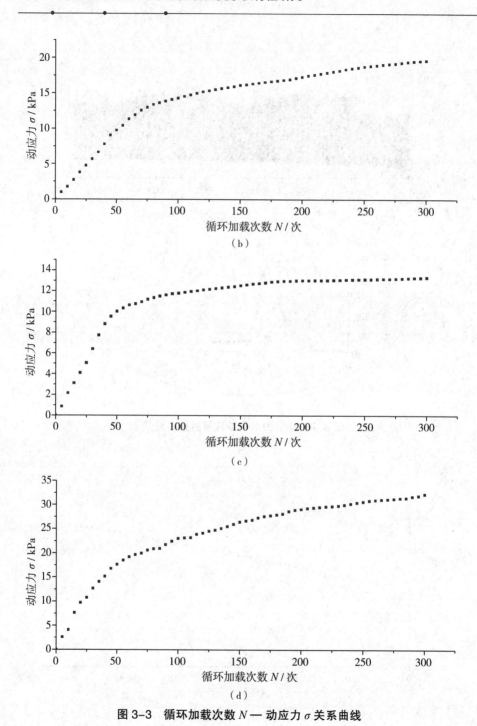

图 3-3　循环加载次数 N —— 动应力 σ 关系曲线

（a）$P = 39.4$ kPa，$v = 2.4$ m/s，$z = 15.0$ cm；　（b）$P = 39.4$ kPa，$v = 3.0$ m/s，$z = 45.0$ cm；
（c）$P = 22.0$ kPa，$v = 3.0$ m/s，$z = 15.0$ cm；　（d）$P = 57.0$ kPa，$v = 3.0$ m/s，$z = 15.0$ cm

3. 路基深度 z 对动应力累积的影响

如图 3-4 和 3-5 所示，为模型试验路基深度 z 与动应力关系曲线。图 3-4（a）、3-5（a）为荷载 $P = 22.0$ kPa、车速 $v = 3.0$ m/s 时不同路基深度与动应力之间的关系曲线；图 3-4（b）为荷载 $P = 39.4$ kPa、车速 $v = 2.4$ m/s 时不同路基深度与动应力之间的关系曲线；图 3-4（c）为荷载 $P = 39.4$ kPa、车速 $v = 4.0$ m/s 时不同路基深度与动应力之间的关系曲线；图 3-4（d）和 3-5（b）为荷载 $P = 57.0$ kPa、车速 $v = 2.4$ m/s 时不同路基深度与动应力之间的关系曲线。从试验曲线可以看出：

（1）从图 3-4（a）～（d）及 3-5（a）～（b）可以看出，在相同循环加载次数下，不管荷载强度、行车速度是否存在差异，随着深度的增加，动应力累积趋势逐渐减缓，累积速率逐渐减小，但总的动应力值仍在缓慢增大。

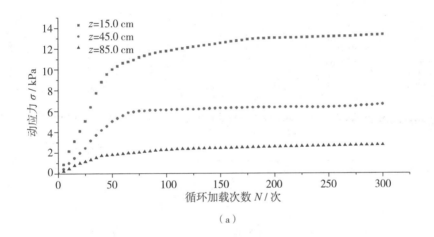

（a）

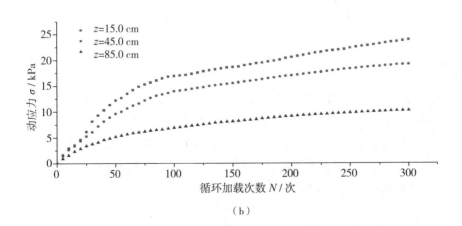

（b）

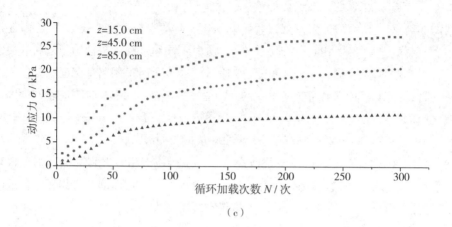

（c）

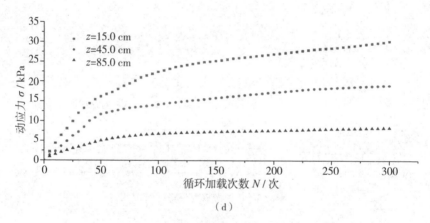

（d）

图 3-4　不同路基深度 z 上循环加载次数 N — 动应力 σ 关系曲线

（a）$P = 22.0$ kPa, $v = 3.0$ m/s；　（b）$P = 39.4$ kPa, $v = 2.4$ m/s；
（c）$P = 39.4$ kPa, $v = 4.0$ m/s；　（d）$P = 57.0$ kPa, $v = 2.4$ m/s

（2）图 3-4（a）、图 3-5（a）中，当加载次数为 250～300 次时，在路基深度 85.0 cm 处的动应力累积量较小，表明在该加载条件下，动应力累积速度较小，但累积总量仍在缓慢增加。路基深度为 45.0 cm 处的动应力累积趋势与深度 85.0 cm 处的相似；但在相同条件下，路基深度 15.0 cm 处的动应力累积量明显比深度 45.0 cm、85.0 cm 处的累积量大，深度 15.0 cm 处的动应力累积速率还处于较快的增长状态，累积量仍在增大。可见，路基浅处的动应力累积速率大于深处的累积速率，但总体的累积量仍在缓慢增长。

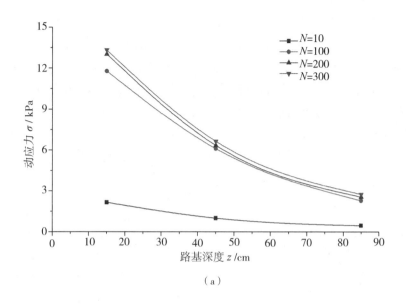

（a）

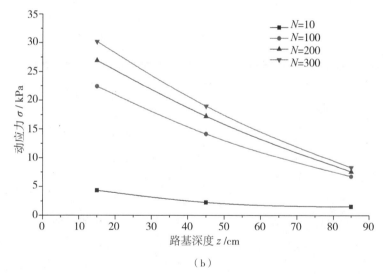

（b）

图 3-5　路基深度 z — 动应力 σ 关系曲线

（a）$P = 22.0$ kPa，$v = 3.0$ m/s；（b）$P = 39.4$ kPa，$v = 2.4$ m/s

4. 荷载强度 P 对动应力累积的影响

如图 3-6 和图 3-7 所示，为荷载强度 P 与动应力关系曲线。图 3-6（a）、图 3-7（a）为路基深度 $z = 15.0$ cm、车速 $v = 3.0$ m/s 时不同 P 与动应力之间的关系曲线；图 3-6（b）为路基深度 $z = 45.0$ cm、车速 $v = 3.0$ m/s 时不同荷载强度 P 与动应力之间的关系曲线；图 3-6（c）为路基深度 $z = 85.0$ cm、车速 $v = 4.0$ m/s 时不同荷载强度 P 与动应力之间的关系曲线；图 3-6（d）、图 3-7（b）为路基深度 $z = 15.0$ cm、车速 $v = 2.4$ m/s 时不同荷载强度 P 与动应力的关系曲线。从图中可以看出：

（1）从图 3-6（a）～（d）和图 3-7（a）～（b）可以看出，在相同深度和相同循环加载次数条件下，随着荷载强度 P 的增大，动应力累积曲线逐渐变陡，试验曲线的斜率也逐渐增大，即累积速率逐渐增大。动应力累积趋势总体上在增大，且荷载越大，动应力累积速率越快，增大的趋势越强，累积增量也越大。

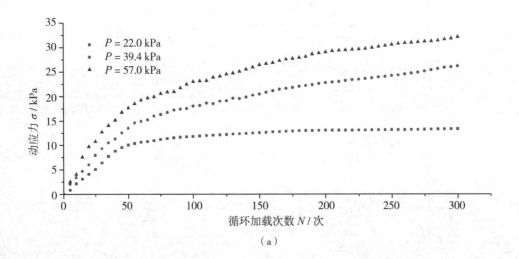

（a）

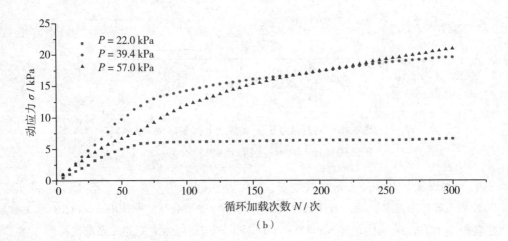

（b）

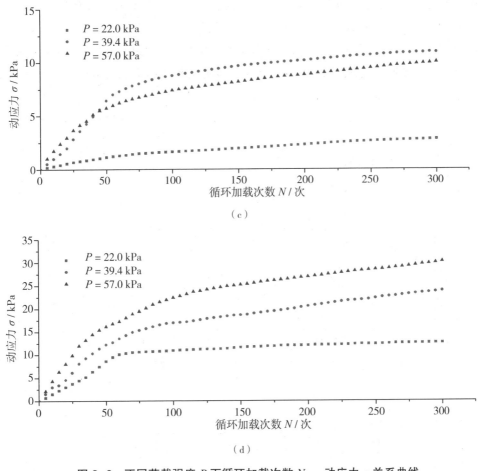

图 3-6　不同荷载强度 P 下循环加载次数 N — 动应力 σ 关系曲线

（a）$z = 15.0$ cm, $v = 3.0$ m/s；　（b）$z = 45.0$ cm, $v = 3.0$ m/s；

（c）$z = 85.0$ cm, $v = 4.0$ m/s；　（d）$z = 15.0$ cm, $v = 2.4$ m/s

（2）从图 3-6（a）、图 3-6（d）和图 3-7（a）～（b）可以看出，当循环加载次数相同时，在路基浅层，动应力累积增量随荷载强度增加而增大的趋势明显，即累积速率较快；小荷载作用下对应的动应力累积速率较小，大荷载作用下较大。而图 3-6（b）、图 3-6（c）则表明，当路基深度增加时，随着荷载强度的增大，在路基中～深层的动应力累积趋势与路基浅层的趋势不同。在路基中～深层土体中，在循环加载初期，较大荷载作用下动应力累积速率比小荷载作用下的累积速率小，累积曲线的斜率则较大；随着循环次数的增加，大荷载下的动应力累积增量逐渐增大，当超过一定次数时，将大于小荷载下的累积增量。因此，路基浅层的动应力累积增量随荷载强度的增大而增大。在路基深处，在循环加载初期，较小荷载下的动应力累积速率可能会大于较大荷载下的累积速率；随着循环次数的增加，较小荷载下的动应力累积速率减小，而较大荷载下的动应力累积速率减小程度较缓，达到一定加载次数后，较小荷载下的动应力累积速率将小于较大荷载下的动应力累积速率。

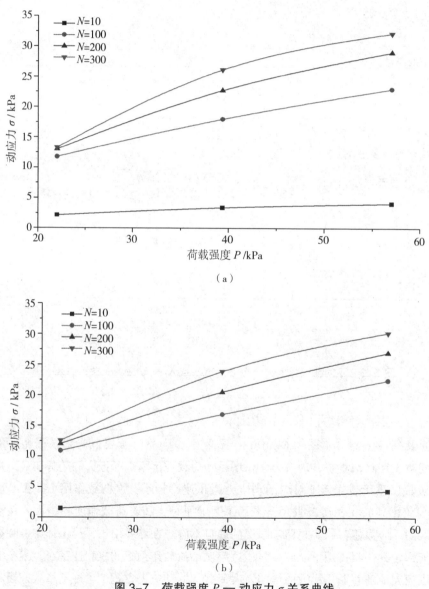

（a）

（b）

图 3-7　荷载强度 P — 动应力 σ 关系曲线

（a）$z = 15.0$ cm, $v = 3.0$ m/s；（b）$z = 15.0$ cm, $v = 2.4$ m/s

5. 行车速度 v 对动应力累积的影响

如图 3-8 和图 3-9 所示，为行车速度 v 与动应力关系曲线。图 3-8（a）、图 3-9（a）为路基深度 $z = 15.0$ cm、荷载强度 $P = 39.4$ kPa 时不同 v 与动应力关系曲线；图 3-8（b）、图 3-9（b）为路基深度 $z = 15.0$ cm、荷载强度 $P = 22.0$ kPa 时不同 v 与动应力关系曲线；图 3-8（c）为路基深度 $z = 45.0$ cm、荷载强度 $P = 39.4$ kPa 时不同 v 与动应力关系曲线；图 3-8（d）为路基深度 $z = 45.0$ cm、荷载强度 $P = 22.0$ kPa 时不同 v 与动应力关系曲线。从试验曲线可以看出：

（1）图 3-8（a）～（d）表明，在同一路基深度、相同荷载强度作用下，随着行车速度 v 的增加，动应力累积增量逐渐增大，但累积速率逐渐减小，动应力累积增量的增加幅度较小。

（2）图 3-8（c）中，当行车速度从 2.4 m/s 增大至 3.0 m/s 时，动应力累积增量约为 4.4%；当行车速度从 3.0 m/s 增大至 4.0 m/s 时，动应力累积增量约为 2.9%。图 3-8（d）中，当行车速度从 2.4 m/s 增大至 3.0 m/s 时，动应力累积增量约为 24.0%；当行车速度从 3.0 m/s 增大至 4.0 m/s 时，动应力累积增量约为 3.6%。由此可见，当行车速度从低速向中速增加时，动应力累积增量比行车速度从中速向高速增加时的累积增量大，即动应力累积速率较大。综合图 3-8、图 3-9，随着行车速度的增大，动应力累积速率逐渐减小，但累积增量小幅增加，平均约为 4.5%，可见行车速度对动应力的累积影响较小。

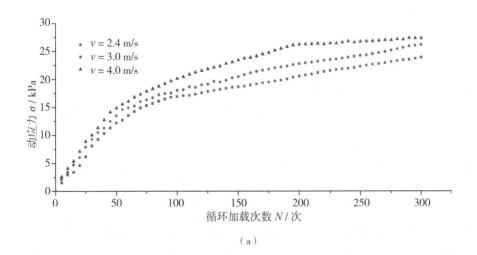

（a）

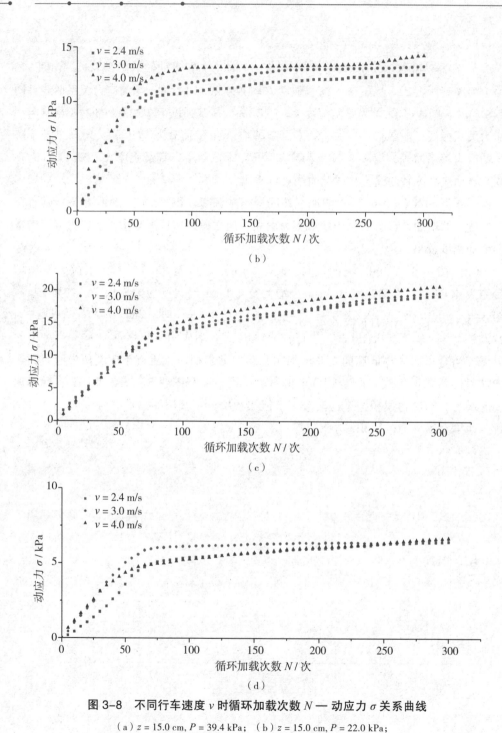

图 3-8 不同行车速度 v 时循环加载次数 N — 动应力 σ 关系曲线

（a） $z = 15.0$ cm，$P = 39.4$ kPa；（b） $z = 15.0$ cm，$P = 22.0$ kPa；

（c） $z = 45.0$ cm，$P = 39.4$ kPa；（d） $z = 45.0$ cm，$P = 22.0$ kPa

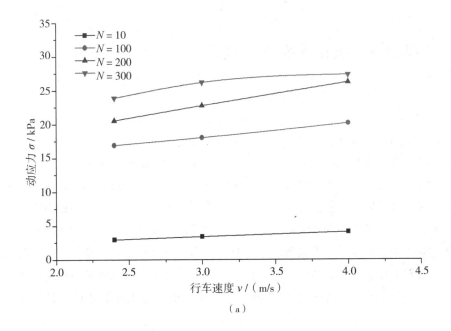

（a）

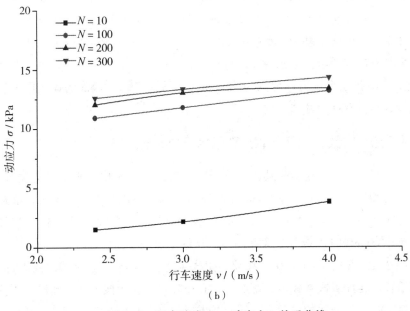

（b）

图 3-9　行车速度 v — 动应力 σ 关系曲线

（a）$z = 15.0$ cm，$P = 39.4$ kPa；（b）$z = 15.0$ cm，$P = 22.0$ kPa

3.4 孔隙水压力的累积特性及规律

3.4.1 概述

在循环动荷载作用下，孔隙水压力的发展是土体强度变形变化的根本因素之一，也是用有效应力法分析土体动力稳定性的关键。循环动荷载作用下，饱和软黏土的动力反应十分复杂，在不排水循环加载中，孔隙水压力的增长是影响饱和软黏土动力反应的主要因素，且循环荷载作用下软黏土中孔隙水压力的发展具有明显的滞后性。为了准确描述饱和软黏土在循环动荷载作用下的性状，必须先通过一定的循环动荷载试验，测量循环动荷载作用下不同加载周数时孔隙水压力增量，然后分析影响孔隙水压力增长的因素，建立合理的孔隙水压力模型，为有效应力分析土体动力反应提供合适的动孔隙水压力模型，才能正确地估算孔隙水压力增长对土体循环动力特性的影响[114]。

交通荷载作用下软黏土中孔隙水压力的产生、发展、消散及累积规律较为复杂，其影响因素很多。除了土体的物性（如土体类型、扰动程度、含水率、塑性指数、孔隙比等）外，还受土体循环加载次数 N、荷载强度 P、行车速度 v 等因素的影响。本节就上述 3 个影响因素，基于模型模拟试验结果，对循环动荷载下路基软土的孔隙水压力的产生、发展、消散及累积规律进行探讨。

模型试验中孔隙水压力计埋深为 15.0 cm，紧靠埋深 15.0 cm 的动土压力盒，使采集的试验数据具有针对性和可比性。

3.4.2 循环加载次数 N 对路基软土孔隙水压力 u 的影响

如图 3-10 所示，为模型模拟试验循环加载次数 N 与土中孔隙水压力关系曲线。图 3-10（a）为 $P = 22.0$ kPa，$v = 3.0$ m/s 时 N 与孔压关系曲线；图 3-10（b）和图 3-10（c）为 $P = 39.4$ kPa，$v = 2.4$ m/s，4.0 m/s 时 N 与孔压关系曲线；图 3-10（d）为 $P = 57.0$ kPa，$v = 3.0$ m/s 时 N 与孔压关系曲线。从图中可以看出：

（1）图 3-10（a）、（c）表明，在较小荷载强度下，随着循环加载次数 N 的增加，孔压不断增长。在加载次数较少的情况下，孔压较小，但发展迅速，孔压累积的速率较大；当达到一定加载次数之后，孔压曲线出现拐点，孔压累积速率开始减小，孔压增长幅度开始减缓，但孔压总量随着加载次数的增加一直在增大。

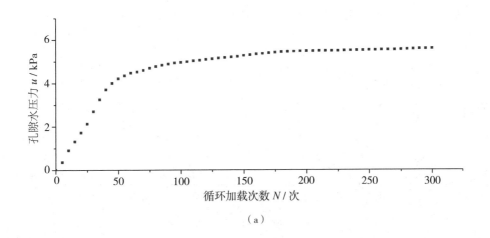

（a）

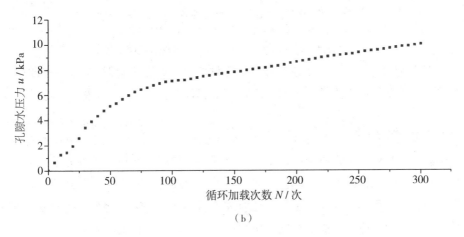

（b）

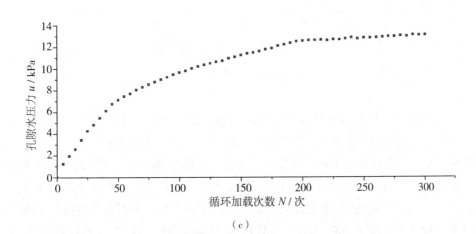

（c）

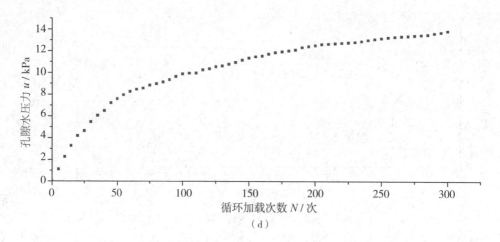

（d）

图 3-10　循环加载次数 N — 孔隙水压力 u 关系曲线

（a）$P = 22.0$ kPa，$v = 3.0$ m/s；（b）$P = 39.4$ kPa，$v = 2.4$ m/s；

（c）$P = 39.4$ kPa，$v = 4.0$ m/s；（d）$P = 57.0$ kPa，$v = 3.0$ m/s

（2）图 3-10（b）、（d）表明，在较大荷载作用下，随着循环加载次数的增加，孔压发展迅速，累积速率刚开始很大.随着加载次数的增加，累积速率开始逐渐减小，孔压持续累积，但其累积总量逐渐增大。

（3）由此可以推测，路基软土中孔隙水压力的发展和累积情况与施加的荷载强度密切相关，应当存在一个临界孔压值。当路基土中累积的孔压小于临界孔压时，无论加载次数多少，孔压的累积速率随加载次数的增大而逐渐减小，最终累积量将趋于稳定值。当土中累积的孔压大于临界孔压时，随循环加载次数的增大，孔压累积速率迅速增大，孔压的累积量也随加载次数急剧增大，最终将导致土体的破坏。

3.4.3　荷载强度 P 对路基软土孔隙水压力 u 的影响

如图 3-11 和图 3-12 所示，为荷载强度 P 与土中孔隙水压力关系曲线。图 3-11（a）～（c）分别为行车速度 $v = 2.4$ m/s，3.0 m/s，4.0 m/s 时 P 与孔压关系曲线。从图中可以看出：

（1）在行车速度及循环加载次数相同的情况下，随着荷载强度的增大，路基软土中所产生的孔压也不断增大。在较小荷载作用下，孔压累积趋势由快变慢，累积速率逐渐减小，但孔压总量仍在缓慢增重。在较大荷载作用下，孔压累积趋势一直在增大，随着加载次数的增大，累积速率逐渐减小，孔压持续发展，直至土体破坏。

（2）由 3.4.2 的分析可知，饱和软黏土中存在临界孔压，当土中累积的孔压小于临界孔压时，土体趋于稳定；当土中累积的孔压超过临界孔压时，即使在较少的加载次数下，也将产生较大的应变，导致土体破坏。

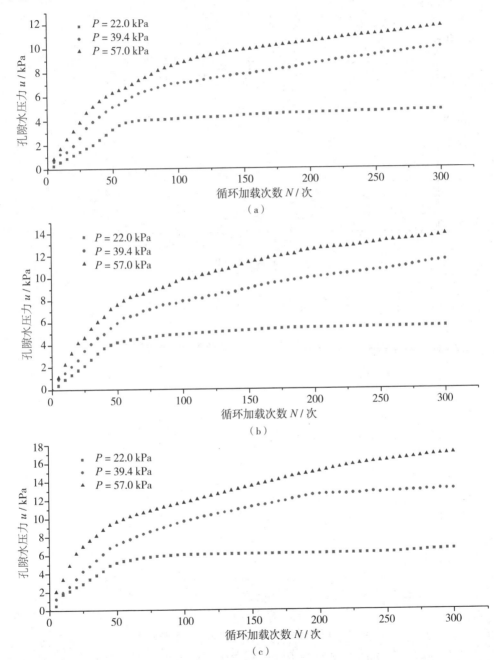

图 3-11　不同荷载强度 P 时循环加载次数 N — 孔隙水压力 u 关系曲线

（a）$v = 2.4$ m/s；（b）$v = 3.0$ m/s；（c）$v = 4.0$ m/s

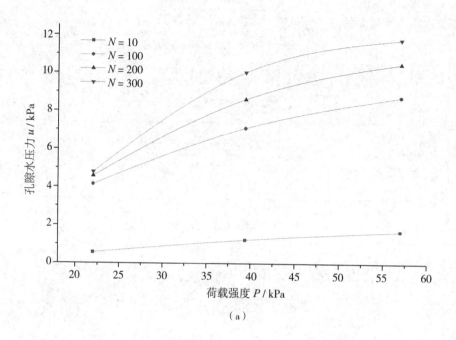

（a）

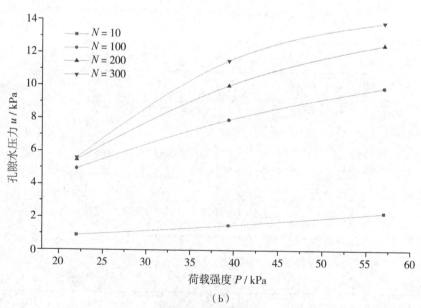

（b）

图 3-12　荷载强度 P — 孔隙水压力 u 关系曲线

（a）v = 2.4 m/s；（b）v = 3.0 m/s

3.4.4　行车速度 v 对路基软土孔隙水压力 u 的影响

如图 3-13 和图 3-14 所示，为行车速度 v 与土中孔隙水压力关系曲线。图 3-13（a）～（c）分别为荷载强度 $P = 22.0$ kPa，39.4 kPa，57.0 m/s 时 v 与孔压关系曲线。

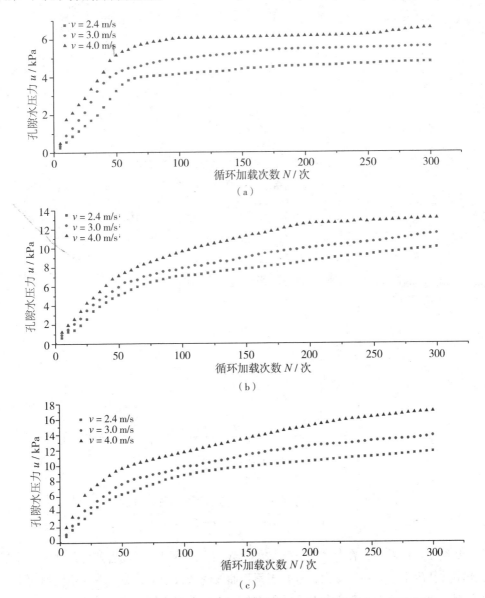

图 3-13　不同行车速度 v 时循环加载次数 N — 孔隙水压力 u 关系曲线

（a）$P = 22.0$ kPa；（b）$P = 39.4$ kPa；（c）$P = 57.0$ kPa

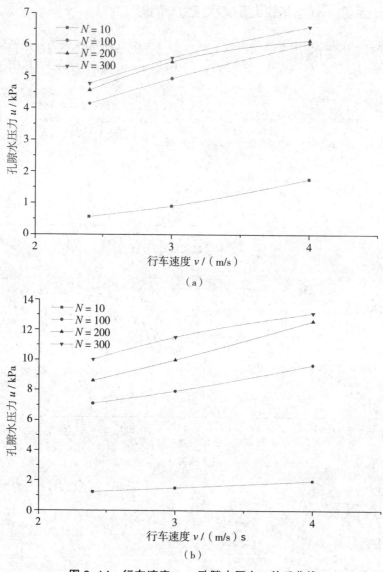

图 3-14　行车速度 v — 孔隙水压力 u 关系曲线

（a）P = 22.0 kPa；（b）P = 39.4 kPa

从图中可以看出，在荷载强度和加载次数相同的情况下，随着速度的增大，路基软土中的孔隙水压力逐渐增大；各孔压累积曲线的增长趋势比较一致，不同速度下的孔压累积速率较接近，随着荷载次数的增加，累积速率逐渐减小。总体上，速度 v 对孔压累积及累积速率影响不大。

3.5　塑性应变的累积特性及规律

3.5.1　概述

交通荷载作用下路基软土中出现动应力累积效应，引起孔隙水压力的累积，并导致塑性变形的累积，在路基软土中产生永久变形，当永久变形达到一定程度，路基土将破坏，最终导致路面结构的破坏。研究循环动荷载作用下动应力、孔隙水压力的发展和累积特性的目的是为了研究由此引起的塑性应变的发展和累积特性，进而研究永久变形的发展规律，防止路基土和路面结构层发生破坏。

影响路基软土塑性应变的因素很多，主要包括土体的物性（如土体类型、扰动程度、含水率形式、循环加载次数 N、荷载强度 P、行车速度 v 等）。本节基于模型模拟试验结果，对循环加载次数 N、荷载强度 P、路基深度 z、行车速度 v 与塑性应变的关系进行探讨。

3.5.2　循环加载次数 N 与塑性应变 ε 关系

如图 3–15 所示，为循环加载次数 N 与塑性应变 ε 关系曲线。图 3–15（a）为 P =39.4 kPa、v =2.4 m/s、z =15.0 cm 时 N–ε 关系曲线。图 3–15(b) 为 P =39.4 kPa、v = 3.0 m/s、z =45.0 cm 时 N–ε 关系曲线。图 3–15（c）、3–15（d）为 z = 15.0 cm、v = 3.0 m/s，P 为 22.0 kPa 和 57.0 kPa 时 N–ε 关系曲线。

从图 3–15 中可以得出：

（1）随着循环加载次数的增加，土体中的塑性应变不断增大，呈现累积效应。在循环加载初期，塑性应变累积速率较大；随着循环加载次数的增加，循环加载次数与塑性应变关系曲线的斜率逐渐减小，塑性应变累积速率逐渐减小，但总的塑性应变仍在缓慢增加。

（2）不管荷载强度、行车速度和路基土深度是否存在差异，循环加载次数 N 与塑性应变 ε 关系曲线均在加载次数达 50 次左右开始出现拐点，此前塑性应变的累积速率较大；在循环加载次数达 60 ~ 70 次以后，塑性应变累积速率开始减小，土中塑性应变增大趋势明显减缓，随着加载次数的增加，总的塑性应变一直在小幅增大。

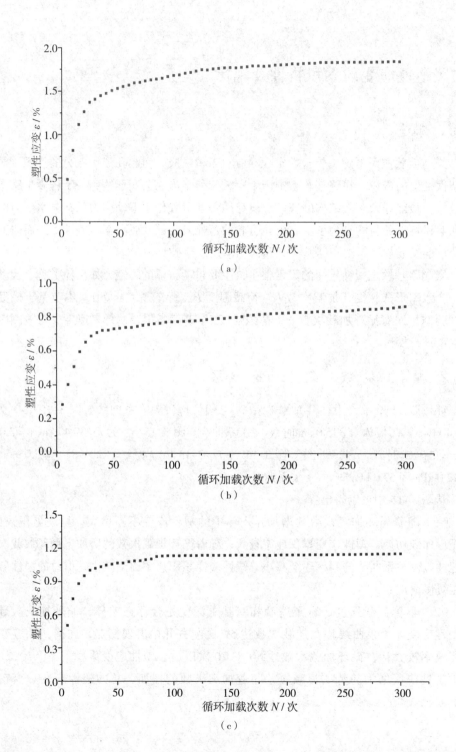

（a）

（b）

（c）

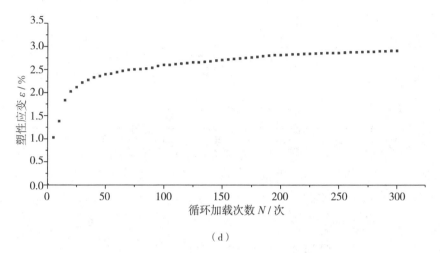

（d）

图 3-15　循环加载次数 N ── 塑性应变 ε 关系曲线

（a）$P = 39.4$ kPa, $v = 2.4$ m/s, $z = 15.0$ cm；　（b）$P = 39.4$ kPa, $v = 3.0$ m/s, $z = 45.0$ cm；
（c）$P = 22.0$ kPa, $v = 3.0$ m/s, $z = 15.0$ cm；　（d）$P = 57.0$ kPa, $v = 3.0$ m/s, $z = 15.0$ cm

3.5.3　荷载强度 P 与塑性应变 ε 关系

　　如图 3-16 和图 3-17 所示，为荷载强度 P 与塑性应变 ε 关系曲线。图 3-16（a）为 $z = 15.0$ cm、$v = 3.0$ m/s 时不同 P 与 ε 关系曲线；图 3-16（b）为 $z = 45.0$ cm、$v = 3.0$ m/s 时不同 P 与 ε 关系曲线；图 3-16（c）为 $z = 85.0$ cm、$v = 4.0$ m/s 时不同 P 与 ε 关系曲线；图 3-16（d）为 $z = 15.0$ cm、$v = 2.4$ m/s 时不同 P 与 ε 关系曲线。

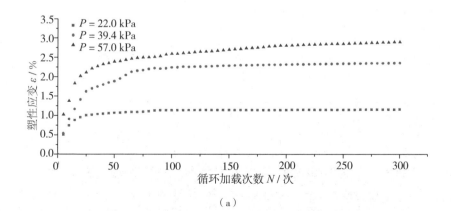

（a）

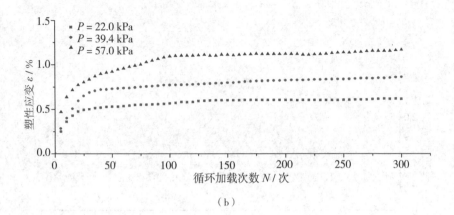

（b）

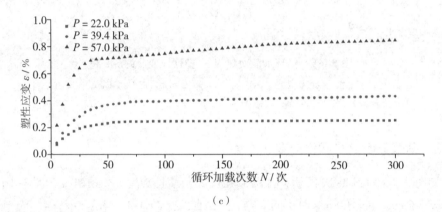

（c）

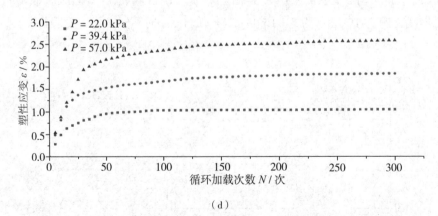

（d）

图 3-16 不同荷载强度 P 下循环加载次数 N — 塑性应变 ε 关系曲线

（a）$z = 15.0$ cm，$v = 3.0$ m/s；（b）$z = 45.0$ cm，$v = 3.0$ m/s；
（c）$z = 85.0$ cm，$v = 4.0$ m/s；（d）$z = 15.0$ cm，$v = 2.4$ m/s

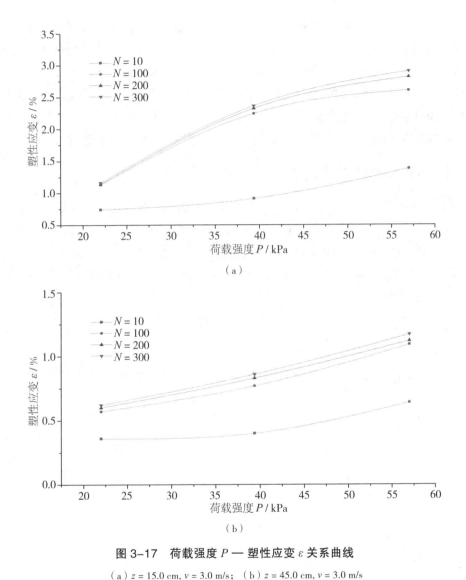

图 3-17　荷载强度 P — 塑性应变 ε 关系曲线

（a）$z = 15.0$ cm, $v = 3.0$ m/s；（b）$z = 45.0$ cm, $v = 3.0$ m/s

从试验曲线可以看出：

（1）在图 3-16、图 3-17 中，在相同深度和相同循环加载次数条件下，随着荷载强度 P 的增大，塑性应变逐渐增大，但累积速率逐渐减小。荷载越大，塑性应变累积速率越快，增大的趋势越强，累积增量也越大。

（2）在图 3-16（a）、图 3-17（a）中，在循环加载次数相同条件下，当荷载强度较小时（$P=22.0$ kPa 和 $P=39.4$ kPa），塑性应变先迅速累积，在加载次数达

30～50 次以后，塑性应变累积速率逐渐减小，但塑性应变曲线仍在缓慢增加；当荷载强度较大时（$P=57.0$ kPa），塑性应变也是先迅速累积，在加载次数达 30～50 次以后，塑性应变累积速率逐渐减小，但塑性应变仍在持续小幅增大。图 3–16b～d 及图 3–17（b）也有相似的规律。由此表明，在较小荷载作用下，随着循环加载次数的增加，塑性应变累积速率逐渐减小，塑性应变累积总量小幅增长；在较大荷载作用下，随加载次数的增加，塑性应变累积速率也逐渐减小，应变累积量增长较大。

3.5.4　路基深度 z 与塑性应变 ε 关系

如图 3–18 所示，（a）为 $P = 22.0$ kPa、$v = 3.0$ m/s 时不同 z 与塑性应变 ε 关系曲线；图 3–18（b）为 $P = 39.4$ kPa、$v = 2.4$ m/s 时不同路基深度 z 与塑性应变 ε 关系曲线；图 3–18（c）为 $P = 39.4$ kPa、$v = 4.0$ m/s 时不同路基深度 z 与塑性应变 ε 关系曲线；图 3–18（d）为 $P = 57.0$ kPa、$v = 2.4$ m/s 时不同路基深度 z 时 N 与塑性应变 ε 关系曲线。如图 3–19 所示，为 z 与 ε 关系曲线。

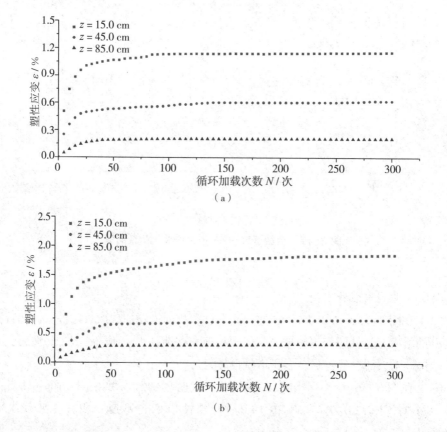

（a）

（b）

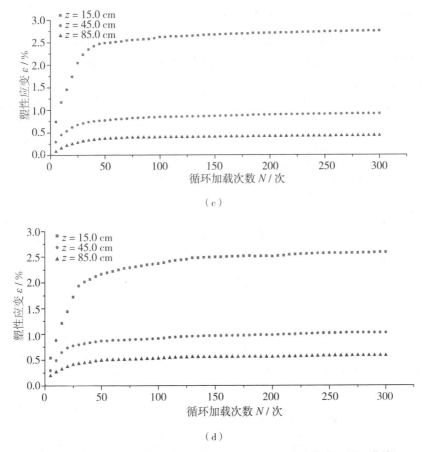

图 3-18　不同路基深度 z 时循环加载次数 N — 塑性应变 ε 关系曲线

（a）$P = 22.0$ kPa，$v = 3.0$ m/s；　（b）$P = 39.4$ kPa，$v = 2.4$ m/s；
（c）$P = 39.4$ kPa，$v = 4.0$ m/s；　（d）$P = 57.0$ kPa，$v = 2.4$ m/s

从试验曲线可以看出：

（1）在相同荷载和行车速度条件下，随着深度的增加，塑性应变累积速率逐渐减小，且路基深度 1.0 m 内减小较快。

（2）图 3-18、图 3-19 中最深 85.0 cm 处的塑性应变在加载初期，塑性应变迅速增长，随着加载次数增大，累积速率逐渐减小；当加载次数在 50 次左右时，塑性应变累积速率开始由大变小，塑性应变累积量的增长趋势开始减小，但仍在小幅增加。深度为 45.0 cm 处的塑性应变及累积速率与深度 85.0 cm 处的规律相似。而在深度为 15.0 cm 处，塑性应变及累积速率在加载初期与路基深处的累积规律相似，当加载次数 40 ~ 60 次，塑性应变累积速率逐渐减小，但总的塑性应变增长较快。由此可以推测，在路基软土中存在一个临界塑性状态，当循环动荷载持续作用下产生的塑性应变小于该临界值时，当累积的塑性应变小于该临界值时，土体处于稳定状态；当循环动荷载产生的累积塑性应变大于临界值时，路基土中的塑性应变累积速度迅速增大，土体很快就发生破坏。

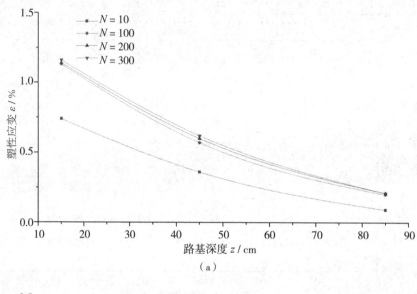

（a）

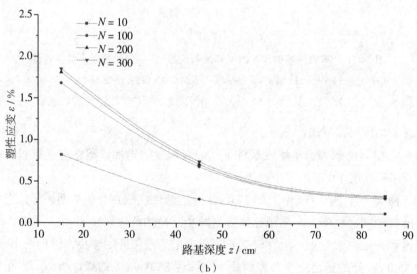

（b）

图 3-19　路基深度 z — 塑性应变 ε 关系曲线

（a）$P = 22.0$ kPa，$v = 3.0$ m/s；（b）$P = 39.4$ kPa，$v = 2.4$ m/s

3.5.5　行车速度 v 与塑性应变 ε 关系

如图 3–20 所示，（a）为 $z = 15.0$ cm、$P = 39.4$ kPa 时不同行车速度 v 与塑性应变 ε 关系曲线；图 3–20（b）为 $z = 15.0$ cm、$P = 22.0$ kPa 时不同 v 与 ε 关系曲线；图 3–20（c）为 $z = 45.0$ cm、$P = 39.4$ kPa 时不同 v 与 ε 关系曲线；图 3–20（d）为 $z = 45.0$ cm、$P = 22.0$ kPa 时不同 v 时 N 与 ε 关系曲线。如图 3–21 所示，为 v 与 ε 关系曲线。从试验曲线可以看出：

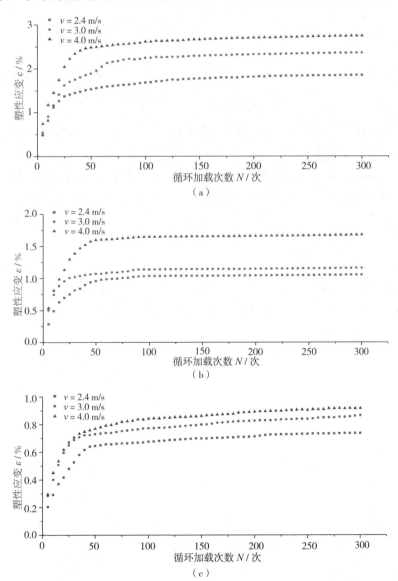

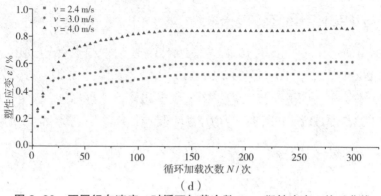

（d）

图 3-20　不同行车速度 v 时循环加载次数 N — 塑性应变 ε 关系曲线
（a）$z = 15.0$ cm，$P = 39.4$ kPa；　（b）$z = 15.0$ cm，$P = 22.0$ kPa；
（c）$z = 45.0$ cm，$P = 39.4$ kPa；　（d）$z = 45.0$ cm，$P = 22.0$ kPa

（1）在深度、荷载强度和加载次数相同的条件下，随着行车速度的增大，塑性应变逐渐增大，但塑性应变的累积速率随加载次数的增多而逐渐减小。

（2）图 3-20（a）～（b）和图 3-21（a）表明，在路基浅层，速度较小时，路基软土的塑性应变较小，其累积速率随加载次数的增长而逐渐减小，累积量也较小；随行车速度的增大，塑性应变逐渐增大，但累积速率也在逐渐减小；速度较大时产生的塑性应变累积量与速度小时产生的累积量相比相对较大。图 3-20（c）～（d）和图 3-21（b）表明，在路基深层，速度对路基软土的塑性应变影响较小，3 种速度条件下产生的塑性应变相差不大，累积速率随加载次数的增长而逐渐减小，累积量也较接近。可见，速度对路基浅层塑性应变累积的影响比在深层时的影响大。

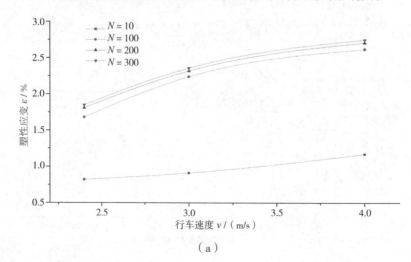

（a）

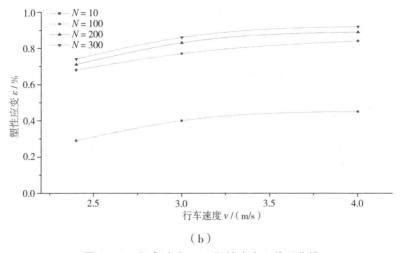

图 3-21　行车速度 v — 塑性应变 ε 关系曲线

（a）$z = 15.0$ cm, $P = 39.4$ kPa；（b）$z = 45.0$ cm, $P = 39.4$ kPa

3.6　原型监测试验动应力分布及累积规律分析

3.6.1　动应力随深度变化的发展规律

选取太澳公路顺德碧江至中山沙溪试验段，采用 3 种荷重的车辆进行加载，分别为轻型五十铃皮卡轿车，重约 2.14 t；工程运土车空车，重约 17.0 t；满载土的工程运土车，重约 50.0 t。以上 3 种车重测试时的行驶速度约为 10 km/h，具体规律如图 3-22 ～图 3-24 所示。

从图 3-22 ～图 3-24 可以看出，原型监测试验所得的动应力分布规律与模型模拟试验结果近似。动荷载产生的动应力峰值随着深度基本上呈指数衰减。5.0 m 深处动应力最大值约为 3 ～ 5 kPa（满载泥土车产生）。

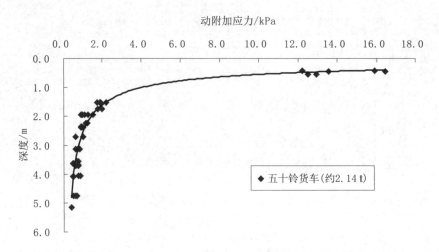

图 3-22　五十铃货车产生的动应力随深度变化分布曲线

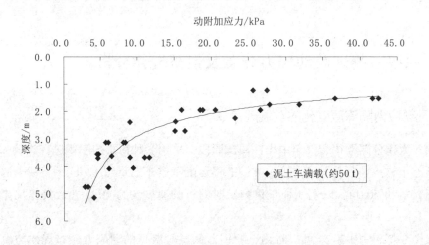

图 3-23　泥土车满载产生的动应力随深度变化分布曲线

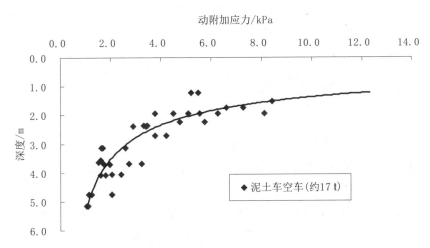

图 3-24　泥土车空载产生的动应力随深度变化分布曲线

3.6.2　动应力与行车速度关系

选取太澳公路顺德碧江至中山沙溪试验段，将轻型五十铃皮卡轿车（重约 2.14 t）、工程运土车空车（重约 17.0 t）、满载土的工程运土车（重约 50.0 t）的 3 种荷重的车辆按行车速度约为 10.0 km/h 和 25.0 km/h 两种情况进行加载，得出行车速度与路基中动应力分布规律，具体如图 3-25 所示。

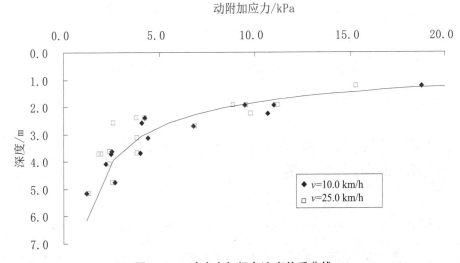

图 3-25　动应力与行车速度关系曲线

从图 3-25 可以看出，原型监测试验所得的动应力分布规律与模型模拟试验结果近似。其他条件相同时，行车荷载速度越大，其产生的动应力也相对较大，但差别的幅度并不明显。

3.6.3 动应力与车辆振动之间的关系

选取太澳公路顺德碧江至中山沙溪试验段，如图 3-26 所示，是压路机在低速行驶（$v=8.0$ km/h）、振动强度不同时路基中的动应力分布情况。从图中可以看出，相同加载条件下，车辆荷载振动与不振动时在路基中产生的动应力大小不同。随着振动强度的增大，在地基中产生的动应力明显增大，说明振动对路基中产生的动应力有影响，进一步说明路面高低不平引起的跳车而产生的振动也会增大路基中的动应力。

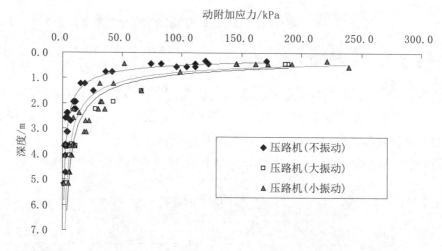

图 3-26 车辆振动强度对路基土动应力的影响

3.7 动应力累积与塑性应变累积关系及安定理论（shakedown）分析

3.7.1 概述

在路基的设计中，必须防止或抵抗路基永久变形的积累。无约束的土体和其他材料的永久变形将会导致路基表面的变形不可恢复。实际上，路面和路基的结构应该设计为在每一层都承受永久变形，而不是仅仅在一个很小的区域（层）里承受永久变形[3]。

对于设计目的，不仅要预防不可控制的永久变形，而且要知道与单独的回弹反应相关的最大荷载（不能超过这个最大荷载），以及如何判别是否导致路基土正常使用的临界应力水准的问题。在路基稳定与不稳定状态之间存在一个临界应力状态，根据安定（shakedown）理论，把这个临界应力状态定义为"安定界限（Shakedown Limit）"[3]。

对于交通荷载作用下路基软土的弹塑性性质、迟滞行为、塑性应变累积效应等特性，可以通过安定（shakedown）理论进行描述。本节基于安定性理论及前述动应力及塑性应变累积特性及发展规律的研究，进一步分析和探讨动应力累积与塑性应变累积之间相互关系。

3.7.2 安定（shakedown）理论

安定（shakedown）是指结构体在某特定的反复荷载下，所产生的塑性变形会在有限的荷载次数后稳定下来，且在安全界限之内，结构体并不会产生破坏。但应力状态持续增加到某一程度时，塑性变形会随着荷载次数增加不断累积，而呈现不稳定状态，直至结构体因过大塑性变形而产生破坏为止。安定概念可描述材料在反复荷载下的行为，其中常见有 5 种行为：完全弹性行为（purely elastic）、弹性安定行为（elastic shakedown）、塑性安定行为（plastic shakedown）、塑性潜变安定行为（plastic creep shakedown）和增量崩溃行为（incremental collapse or ratcheting），如图 3-27[190] 所示。

1. 完全弹性行为（purely elastic）

施加的轴差应力非常小，使得材料未达屈服阶段。因此，材料呈线性行为，所有的应变完全回复，而没有任何塑性变形产生，是纯弹性变形。

2. 弹性安定行为（elastic shakedown）

施加的轴差应力比完全弹性行为时所施加的轴差应力大，却比塑性安定行为小，且在最初有限次数的应力—应变循环下材料呈现塑性行为，但塑性变形微小。最终的反应仍是线弹性行为，没有进一步塑性变形的增加，达到安定状态，而此状态的最大应力水平称为"弹性 shakedown 界限"。

3. 塑性安定行为（plastic shakedown）

反复施加的轴差应力比弹性安定行为所施加的轴差应力大，较塑性潜变安定行为小。在有限次数的反复荷载下，材料有明显塑性变形累积，但随后会达到稳定状态，并无塑性变形再产生，而呈现出弹性行为，且伴随迟滞现象，显示有部分的能量被材料所吸收。一旦观察到路基土出现完全回弹行为，此时材料再度达到安定状态，而此状态下最大的应力水平称为"塑性 shakedown 界限"（shakedown limit）。

4. 塑性潜变安定行为（plastic creep shakedown）

施加的轴差应力比塑性安定行为所施加的轴差应力大，但较增量崩溃行为小。初期行为与塑性安定行为相似，随荷载次数增加材料有明显塑性变形累积，且每一应力循环皆有迟滞现象。与塑性安定行为相比，不同之处在于后期，塑性潜变安定行为的塑性变形依旧持续累积，但仍稳定，不会有突然崩溃的现象发生。这时的最大应力水平称为"塑性潜变安定界限"。

5. 增量崩溃行为（incremental collapse or ratcheting）

此时反复施加的轴差应力相对于上述行为较大，材料明显进入屈服阶段，且塑性变形迅速累积，材料在一定次数的反复荷载后即发生破坏。

按照安定理论，路基土发生破坏是由塑性潜变安定行为进入增量崩溃行为阶段，而临界应力水平则存在于两种行为之间。若依应力－应变关系，必须依靠消散能复增的现象才能确切判定安定临界状态发生的时机。在增量崩溃阶段，路基土时常伴随着大量的塑性应变产生，而处于安定状态时，塑性应变累积情形会趋于稳定。路基土必须处于安定界限的状态之下，而不允许土体行为进入增量崩溃阶段。

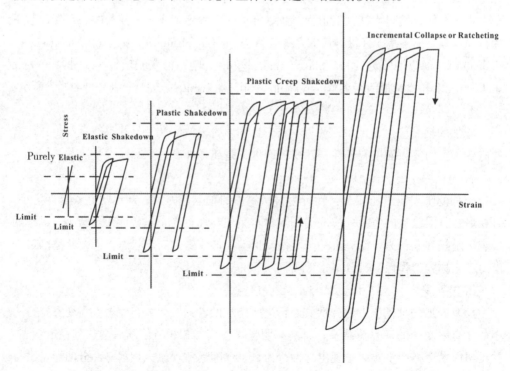

图 3-27　循环反复荷载作用下的安定（shakedown）行为 [190]

3.7.3　路基软土动应力累积与塑性应变累积关系及安定（shakedown）行为分析

1. 动应力累积与塑性应变累积关系及安定状态分析

如图 3-28 所示，（a）～（c）为 v =2.4 m/s，z =15.0 cm、45.0 cm、85.0 cm 时不同荷载强度下循环加载次数 N 与塑性应变 ε 关系曲线；如图 3-29 所示，（a）～（c）为 v =3.0 m/s，z =15.0 cm、45.0 cm、85.0 cm 时不同荷载强度下循环加载次数 N 与塑性应变 ε 关系曲线；如图 3-30 所示，（a）～（c）为 v =4.0 m/s，z =15.0 cm、45.0 cm、85.0 cm 时不同荷载强度下循环加载次数 N 与塑性应变 ε 关系曲线。

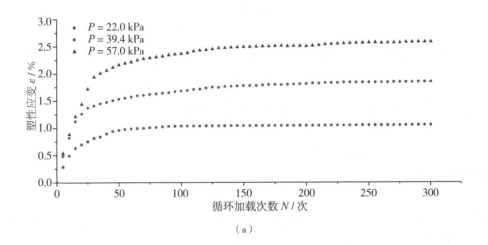

（a）

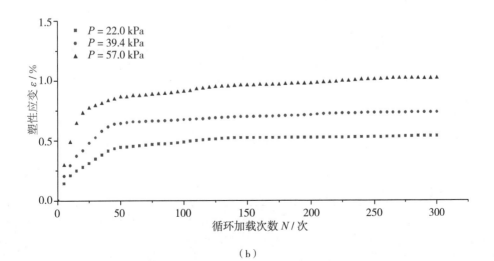

（b）

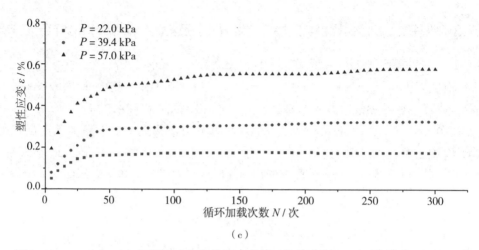

（c）

图 3-28 $v = 2.4$ m/s、不同深度和荷载强度下循环加载次数 N — 塑性应变 ε 关系曲线

（a）$v = 2.4$ m/s, $z = 15.0$ cm；（b）$v = 2.4$ m/s, $z = 45.0$ cm；（c）$v = 2.4$ m/s, $z = 85.0$ cm

对各图中的动应力、塑性应变累积关系分析如下：

（1）图 3-28（a）、图 3-29（a）、图 3-30（a）表明：在路基浅层的土体（$z=15.0$ cm），循环动荷载强度 $P=22.0$ kPa 和 $P=39.4$ kPa 时，当循环加载次数小于 100 次时，土体塑性应变迅速增长，有明显的塑性应变累积，且累积速率随着加载次数的增大而逐渐减小，每一应力循环皆有迟滞现象；加载次数大于 100 次后，塑性应变累积速率开始减小，塑性应变累积趋势开始减缓，只有较小塑性变形产生，说明土体处于塑性安定状态（plastic shakedown）。

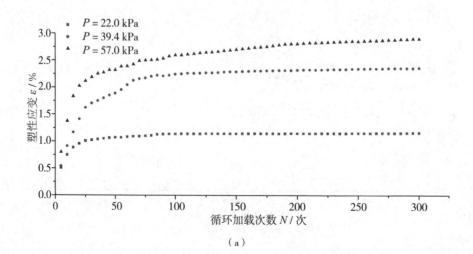

（a）

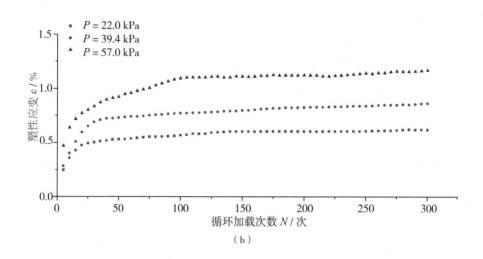

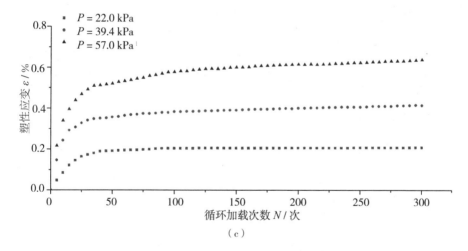

图 3-29　$v = 3.0$ m/s、不同深度和荷载强度下循环加载次数 N — 塑性应变 ε 关系曲线

（a）$v = 3.0$ m/s, $z = 15.0$ cm；　（b）$v = 3.0$ m/s, $z = 45.0$ cm；　（c）$v = 3.0$ m/s, $z = 85.0$ cm

在荷载强度 P=57.0 kPa 时，路基土的初期行为与塑性安定行为相似，当循环加载次数小于 100 次时，土体塑性应变迅速增长，有明显的塑性应变累积，且累积速率随着加载次数的增大而逐渐减小，每一应力循环皆有迟滞现象；加载次数大于100 次后，随着加载次数的增大，塑性应变累积速率虽然在减小，但塑性应变依旧持续累积，塑性应变累积增量在持续小幅增加，但土体仍处于稳定状态，未产生突然崩溃破坏现象，说明土体在较大荷载作用下处于塑性潜变安定状态（plastic creep shakedown）。

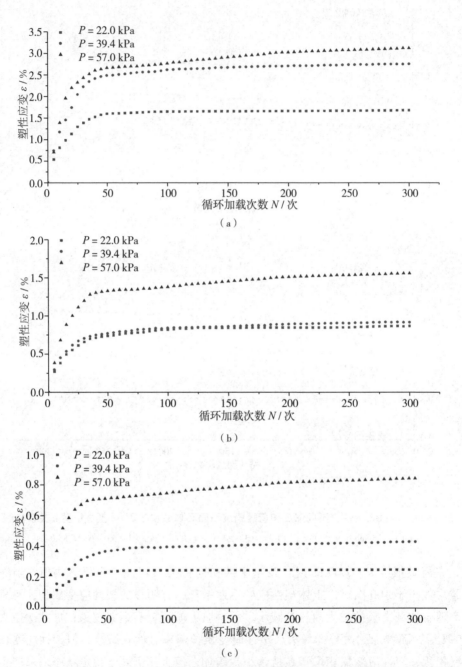

图 3-30 $v = 4.0 \text{ m/s}$、不同深度和荷载强度下循环加载次数 N — 塑性应变 ε 关系曲线

（a）$v = 4.0 \text{ m/s}, z = 15.0 \text{ cm}$； （b）$v = 4.0 \text{ m/s}, z = 45.0 \text{ cm}$； （c）$v = 4.0 \text{ m/s}, z = 85.0 \text{ cm}$

（2）图 3-28（b）～（c），图 3-29（b）～（c），图 3-30（b）～（c）表明，在路基中深层的土体（z=45.0 cm、z=85.0 cm），不同循环动荷载强度下，当循环加载次数小于 100 次时，土体塑性应变均迅速增长，有明显的塑性应变累积，且累积速率随着加载次数的增大而逐渐减小，每一应力循环皆有迟滞现象；加载次数大于 100 次后，塑性应变累积速率迅速减小，最后应变趋于稳定状态，有较小的塑性变形产生，说明土体处于弹性安定～塑性安定状态（plastic shakedown）。

（3）由以上分析可知，在不同荷载强度作用下，路基土中存在两种安定状态，即弹性安定～塑性安定状态（plastic shakedown）和塑性潜变安定状态（plastic creep shakedown）。当土体处于塑性潜变安定状态时，如果再增大循环动荷载的强度，土体有可能迅速转入增量崩溃阶段（incremental collapse or ratcheting），土体发生破坏。由此可以推测一个临界安定状态，来判定路基土是否处于稳定状态。

2. 临界应力水平分析

通过上述分析可知，路基软土在循环动荷载作用下存在一个临界安定状态。为更好研究该临界值，采用应力水平进行判定。根据公式（1-4），应力水平（SL）为施加的反复荷载轴差应力与土破坏时的轴差应力（σ_{df}）的比值，即 $SL=\sigma_d/\sigma_{df}$。根据试验数据及图 3-28～图 3-30，可确定各循环加载条件下的应力水平。按静三轴试验确定的土破坏时的轴差应力为 75.0 kPa，则图 3-28～图 3-30 中各加载情况的应力水平及路基土所处的安定状态如表 3-3 所示。

表 3-3　循环动荷载下路基土中动应力水平及相应的安定状态

速度 v /（m/s）	路基深度 z / cm	动应力累积值 σ / kPa	应力水平 / %	安定状态
2.4	15.0	12.6	17	塑性安定状态
		23.9	32	塑性安定状态
		30.2	40	塑性潜变安定状态
	45.0	6.5	9	弹性安定～塑性安定状态
		19.2	26	弹性安定～塑性安定状态
		19.0	25	弹性安定～塑性安定状态
2.4	85.0	2.8	4	弹性安定～塑性安定状态
		10.2	14	弹性安定～塑性安定状态
		8.3	11	弹性安定～塑性安定状态

（续　表）

速度 v / （m/s）	路基深度 z / cm	动应力累积值 σ / kPa	应力水平 /%	安定状态
3.0	15.0	13.3	18	塑性安定状态
		26.2	35	塑性安定状态
		32.2	43	塑性潜变安定状态
	45.0	6.6	9	弹性安定～塑性安定状态
		19.6	26	弹性安定～塑性安定状态
		21.0	28	弹性安定～塑性安定状态
	85.0	2.7	4	弹性安定～塑性安定状态
		10.5	14	弹性安定～塑性安定状态
		9.3	12	弹性安定～塑性安定状态
4.0	15.0	14.3	19	塑性安定状态
		27.3	36	塑性安定状态
		34.1	45	塑性潜变安定状态
	45.0	6.7	9	弹性安定～塑性安定状态
		20.6	27	弹性安定～塑性安定状态
		22.8	30	弹性安定～塑性安定状态
	85.0	2.8	4	弹性安定～塑性安定状态
		10.9	15	弹性安定～塑性安定状态
		10.1	13	弹性安定～塑性安定状态

　　由表 3-3 可知，当动应力水平 $SL \geqslant 40\%$ 时，土体出现塑性潜变安定行为，处于稳定与不稳定的边界；当动应力水平 $SL < 40\%$ 时，土体表现为塑性安定行为或弹性安定～塑性安定行为，虽然塑性应变最终有微小累积和增长，但土体处于稳定或基本稳定状态。因本次模型模拟试验过程中，土体的塑性应变累积总量均未超过 5%，土体未产生破坏，根据笔者前期关于循环动荷载作用下红黏土的临界应力水平研究成果[195]，结合本节的分析，确定此路基软土的临界应力水平（shakedown limit）为 48%。当施加的循环动荷载的应力水平大于临界应力水平 48% 时，随着加载次数的增大，土体将表现为增量崩溃状态，土体迅速破坏；当施加的应力水平小

于临界应力水平 48% 时，土体处于弹性安定～塑性安定状态或塑性潜变安定状态，土体稳定或基本稳定。

3.8　动应力累积与塑性应变累积机理分析

通过模型模拟试验的数据分析以及安定理论的研究表明，在交通荷载反复作用下，路基软土将表现出动应力累积、塑性应变累积、迟滞行为、弹塑性行为等特性，并且存在一个临界应力水平，判定路基土是否处于稳定状态。

上述这些特性与软黏土的结构性及土体内部的能量耗散状态密切相关，以下就这两方面对路基软土的累积特性的机理进行分析和探讨。

3.8.1　路基软土动应力累积与塑性应变累积结构性分析

随着施加的荷载的周期变化，土中的动应力是周期性变化的，且循环动应力在土中的传递是一个过程，不是瞬时传递的，伴有滞后现象，并会产生应力累积现象。土体在循环动荷载的作用下，由于土的弹塑性性质，在受到连续周期动荷载时，当第一个周期的动荷载卸除时，土中应力却未完全释放，随着第二个周期的循环动荷载的继续施加，在两次循环荷载作用下会产生应力叠加，应力累积速度大于应力释放速度，出现应力累积现象，且随着循环加载次数的增加，应力叠加和累积的越多。但应力积累并不是无限的，当应力累积达到一定程度，应力累积速度开始小于应力释放速度，此时，会出现应力释放现象。但应力不会完全释放至零，而是释放到一定程度后达到稳定状态，此时应力累积和应力释放速度近似相等。这是由于荷载重复作用引起软土固结。随着荷载重复次数的增加，土逐渐被压密，颗粒间的排列更加紧密，粘结程度提高，密实度提高，固结程度增大，土结构性增强，荷载循环达一定次数后，土的密实度不再变化，土中的应力状态趋于稳定[3,194]。

循环动荷载作用于土体时，出现动应力累积和释放现象。动应力累积和释放使得土体在受荷过程中，土的结构发生变化。在循环动荷载作用过程中，随着加载次数的增大，土体颗粒间摩擦力逐渐重新调整，颗粒排列重新定向，导致局部颗粒间应力的塑性再调整，颗粒结构产生黏滞屈服，引起孔隙比的变化，而颗粒间的黏滞性重新定向导致动应力及塑性应变产生累积效应[246]。由于动应力的累积，使土逐渐压密固结，土体内部颗粒间的空隙减小，接触更加紧密，同时孔隙水慢慢排出，有效动应力增大，塑性应变产生相应的累积，土的强度增加；而应力释放使得受压缩的土体有一定的回弹恢复，土的结构性在一定程度上增强，土体趋于稳定状态。当施加荷载的时间足够长，土的动应力累积和应力释放趋于平衡，最终土中的动应力分布趋于稳定，此时，塑性应变累积也趋于稳定。

另外，在循环加载过程中，由于荷载施加是瞬时的，土中孔隙水来不及排出，孔隙水压不消散，施加的动荷载由土中有效动应力和超孔隙水压力共同承担。土含水量越高，土在受荷过程中由孔隙水承担的压力就越大，土的动应力就会相应减小。如施加动荷载的时间足够长，加载的次数足够多，土中孔隙水有足够的时间排出，则孔隙水压力会逐渐消散，土的有效应力增大，土在受荷前期产生的动应力和土体稳定后的动应力会有较大的差别。当所施加的动荷载超过土的临界应力时，土中的动应力会突然增大，塑性应变迅速增长，土体有可能因为强度的完全丧失而产生破坏。

3.8.2 路基软土动孔隙水压发展和累积特性与动应力和塑性应变累积特性关联分析

土中孔隙水压力是由土体的体积变化趋势引起的，即孔隙水压力是土体的体积变形性质在不排水条件下的表现。无论应力路径的方向（加、卸载或主应力轴旋转）、荷重持续时间和往复荷重的次数如何，在不排水和排水情况中相应的孔隙水压力和大主应变之间存在唯一性的关系，孔隙水压力实际上也是一种应变效应[246]。

在交通循环动荷载作用下，路基软土中某点的超静孔隙水压力增加以一定的速率随着车辆加载次数和交通荷重而线性地增长，直到达到某个临界荷重，使该点的土发生局部屈服。在达到局部屈服之前，土体处于完全弹性状态；在达到局部屈服之后，土体开始出现塑性变形，此时土体处于完全弹性安定状态，局部处于塑性安定状态。在局部屈服前，孔隙水压力主要是由压应力引起的，剪应力的影响较小；屈服后，剪应力的影响剧烈增强。此后，当车辆加载次数和交通荷重进一步增加，该点的孔隙水压力进一步非线性地增长，但其速率大大降低，土体屈服进一步发展。此时，土体大部分处于塑性安定状态。当土体处于极限安定状态时（即土体处于塑性潜变状态与增量崩溃状态的临界状态时），孔隙水压增长速率再次增大，孔隙水压力迅速累积，引起土中动应力迅速累积，最终导致过大的塑性应变累积，此时土体由塑性潜变安定状态向增量崩溃状态迅速发展，使土完全破坏。

3.8.3 路基软土动应力累积与塑性应变累积的能量耗散及熵能理论分析

土的微观结构与土的宏观力学效应相互关联，表征土结构性的量化参数与土的应力应变状态及应力应变的大小也是相互联系的，可以从土表现出的宏观力学效应来分析土的结构性的变化。以下从能量的角度来分析和探讨土的微结构与土的宏观力学效应的关系。

土的微结构排列及联结蕴含着一定的势能，即接触处结构单元相互作用的能量，称为土的结构势能（U_s），是土的结构本身所具有的能量。当土受外界作用力（挤压、剪切等）时，外力对土所做的功一部分转化为土变形的应变比能（$\mathrm{d}W$），一部分转化为内能，这两部分能量合称为土的综合能量（U）。其中，外力对土体做功时转化为土的应变比能在宏观上表现为土的形变比能（U_d）和体积应变比能（U_v）之和。外力对土做功转化的内能表现为土的结构势能（U_s）的增加。当土的微结构发生变化，土的结构势能亦发生变化，其宏观上表现出的力学效应也相应产生变化。当微结构的变化对土的宏观力学效应的变化影响很小或不产生影响，即结构势能 U_s 对土的宏观力学效应的影响可忽略时，外力做的功只是转化为土的形变比能与体积应变比能。在物理化学中，熵是热力学函数，是一个状态量，在微观意义上是系统内部微观粒子无序性或混乱度的量度；在宏观上可作为能量在空间分布的均匀度的量度；熵的改变值还可作为系统不可利用能改变的量度。因此，熵表示不同状态体系的统计学特征，是沟通宏观状态与微观能量状态的桥梁。任何体系中的结构构成都可以用一个物理量——熵值来度量。土体中的微结构也是一种结构构成，且土体系是一个开放的系统，可以用熵值来表示。在土产生变形破坏的过程中，系统有负熵的产生，使系统进化。进化过程中，负熵产生伴随着结构势能的减小，系统内部有序（不稳定性）与无序（稳定性）之间在相互转化[214]。

综合物理化学中熵的概念以及岩土工程中土的结构性概念，土的结构熵（S）是指土颗粒结构排列组合及联结所蕴含的能量状态，包括土体内气、液、固三相所蕴含的能量[214]。土的结构熵表示土内部微结构的混乱程度，是动态变化的。随着土体系构成程度的提高，土体由开始的无序平衡状态向有序的非平衡态发展，熵值减小。土体微结构单元的集聚、单元形态非异构性的增加、空间方位的逐步定向、体系的密实等，熵值减小；反之，则增加。

公路在开放交通之前，路基土体处于一种无序的平衡状态，此时土体系的熵达到最大，结构势能最大；开放交通之后，在交通荷载的反复作用下，路基土体变形先是均匀的，而后变形进入非线性阶段，土由原有的无序平衡状态逐渐向有序非平衡状态发展。伴随土的结构熵减小，结构势能减小，土内部颗粒的排列组合和联结以及结构单元的聚集增强，即土体系从无序向有序进化，逐渐远离平衡状态，土抵抗外界力破坏的能力与程度增强。随着加载次数的增大，土中动应力和塑性应变产生累积效应，动应力和塑性应变缓慢累积，但最终趋于稳定，路基土处于弹性安定～塑性安定状态。当结构熵减小到一定极值时，土抵抗外力效应的能力、程度达到最大，此时，动应力和塑性应变持续缓慢增长，土处于临界破坏状态，即塑性潜变安定状态。当继续施加外力，土体应力累积和塑性应变累积迅速增大，发生破坏，土体系的有序度达到最高，远离平衡态，此时，土体系进入破坏后的一个更高级的有序状态。

由此可见，土的结构熵减小、结构势能减小的过程，表明土体系的动态特征从一个无序向有序进化，是由平衡态向非平衡态发展的过程。当土的结构熵减小到一定极值，有序度达到一定程度，土将在临界破坏区域表现出一种临界行为。在这个过程中，土体系的约束越来越强，土抵抗外界破坏的能力也越强。反之，则减小。

此外，交通荷载下路基软土的变形破坏过程伴随着能量的耗散变化及迟滞行为的发展。当行车荷载所产生的应力水平低于临界应力水平时，路基土在循环反复荷载作用下的塑性行为处于稳定累积状态，且能量耗散持续递减；高于临界应力水平时，塑性应变累积会突然增大，能量在循环荷载若干次后会出现升高的现象。随着应力水平的提高、循环加载次数的增大，在压缩应变稳定之前，迟滞圈所蕴含的能量是慢慢变小的，发生最初的塑性应变时路基土相应于循环荷载会达到一种稳定的平衡状态，塑性应变累积很小。在一定应力水平作用下，随着循环加载次数的增加，塑性应变有可能逐渐消失，出现塑性安定行为及弹性安定行为。最初的塑性应变是由于受限的土内部微粒重新排列和空隙被压缩，引起土体内部微粒相互摩擦，致使能量发生耗散。在压缩稳定时，循环加载过程中的应变行为只是由于单个微粒的变形或有限的、可恢复的微粒的旋转行为所产生。但还是有一些摩擦以及为抵消微粒间的内聚力而消耗能量，也就是在塑性安定行为过程中，应力－应变关系保持一小部分的滞后，能量发生了小部分的耗散。

在压缩完成之后，有比较明显的永久应变产生，迟滞圈也变得更大更宽，说明每一循环加载过程有更多的能量耗散。压缩之后土内部微粒的重组、滑动、微粒之间的摩擦导致的能量耗散均表明土样已经开始出现剪切破坏的趋势，直到土体完全破坏，迟滞圈迅速增大，能量迅速耗散，最终导致土体强度丧失。

在路基土产生增量崩溃行为时，每次循环加载过程中，都将使塑性应变逐渐累积，永久变形渐进增长。增量崩溃行为的迟滞圈总是很大很宽，表明在每一循环加载中都有明显的能量耗散发生。此时，由于微粒的滑动、摩擦以及内聚力的减小，出现增量崩溃现象，微粒的摩擦和内聚力不足以抵抗外部施加的循环动应力，土体发生破坏。这种行为致使路基土发生剪切破坏或者发生对应力破坏，在路面表层产生车辙破坏。随着循环加载次数的增大，迟滞圈迅速增大、变宽，说明能量耗散增大得比较快，塑性应变迅速累积，土在较少的循环加载次数下即发生了快速的剪切破坏。

3.9　小结

本章主要介绍了模型模拟试验中循环动荷载的转换和确定以及交通荷载各加载条件对路基土中动应力、孔隙水压力及塑性应变累积效应的影响。

（1）模型模拟试验中的荷载强度主要通过当量圆结合路基路面设计和施工中的经验系数进行换算。行车速度按车辆的加载作用时间进行换算，其中，车速 2.4 m/s、荷载作用时间 0.5 s 代表了实际交通行车速度为 61.0 km/h，车速 3.0 m/s、荷载作用时间 0.4 s 代表行车速度 75.0 km/h，车速 4.0 m/s、荷载作用时间 0.3 s 代表行车速度 93.0 km/h。

（2）循环动荷载加载条件对动应力累积的影响主要有以下几方面。

① 随着循环加载次数的增大，路基土中的动应力呈现累积的趋势，动应力累积分两个阶段。第一阶段动应力累积较快，累积速率较大；当加载次数达到一定次数后，进入第二阶段，此时动应力累积速率开始减小，累积的趋势开始减缓，但随着加载次数的增加，动应力仍在缓慢增大。

② 随着深度的增加，动应力累积趋势逐渐减缓，动应力累积速率逐渐减小。路基浅处的动应力累积增量大于深处的累积增量，即浅处的累积速率大于深处的累积速率。

③ 在相同深度和相同循环加载次数条件下，随着荷载强度 P 的增大，动应力累积曲线逐渐变陡，试验曲线的斜率也逐渐增大，即累积速率逐渐增大。动应力累积趋势总体上在增大，且荷载越大，动应力累积速率越快，增大的趋势越强，累积增量也越大。路基浅层的动应力累积增量随荷载强度的增大而增大；但在路基深处，在循环加载初期，较小荷载下的动应力累积速率有可能大于较大荷载下的累积速率。随着循环次数的增加，较小荷载下的动应力累积速率减小，而较大荷载下的动应力累积速率减小程度较缓，达到一定加载次数后，较小荷载下的动应力累积速率将小于较大荷载下的动应力累积速率。

④ 在同一路基深度、相同荷载强度作用下，随着行车速度 v 的增加，动应力累积增量逐渐增大，但累积速率逐渐减小，动应力累积增量的增加幅度较小。随着行车速度的增大，动应力逐渐增大，动应力累积速率逐渐减小，但累积增量小幅增加，平均约为 4.5%，行车速度对动应力的累积影响较小。

（3）循环动荷载加载条件对孔隙水压力的发展和累积的影响主要有以下几方面。

① 在较小荷载强度下，随着循环加载次数 N 的不断增加，孔压不断增长。在加

载次数较少的情况下，孔压较小但发展迅速，孔压累积的速率较大；当达到一定加载次数之后，孔压增长速率开始减小，孔压累积趋势开始减缓。在较大荷载作用下，随着循环加载次数的增加，孔压发展迅速，累积速率逐渐减小，孔压持续累积，其累积总量逐渐增大。

② 在行车速度及循环加载次数相同的情况下，随着荷载强度的增大，路基软土中所产生的孔压也不断增大。在较小荷载作用下，孔压累积趋势由快变慢，累积速率逐渐减小，但孔压累积总量仍在增长。在较大荷载作用下，孔压累积趋势一直在增大，累积速率逐渐减小，孔压持续发展，预计当孔压累积量超过一定的临界值后，土体将破坏。

③ 在荷载强度和加载次数相同的情况下，随着速度的增大，路基软土中的孔隙水压力逐渐增大；各孔隙水压力累积曲线的增长趋势比较一致，不同速度下的孔压累积速率较接近，随着荷载次数的增加，累积速率逐渐减小。总体上，速度 v 对孔压累积及累积速率影响不大。

（4）循环动荷载加载条件对塑性应变的发展和累积的影响主要表现在以下几方面。

① 随着循环加载次数的增加，土体中的塑性应变不断增大，呈现累积效应。在循环加载次数较少的初期，塑性应变增长速度较快，累积速率较大；但随着循环加载次数的增加，塑性应变累积速率开始逐渐减小。

② 在相同深度和相同循环加载次数条件下，随着荷载强度 P 的增大，塑性应变逐渐增大，累积速率也较大。荷载越大，塑性应变累积速率越快，增大的趋势越强，累积增量也越大。在较小荷载作用下，随着循环加载次数的增加，塑性应变累积速率逐渐减小，但累积总量仍在增大；在较大荷载作用下，随加载次数的增加，塑性应变累积速率也逐渐减小，但应变累积量在持续小幅增长。

③ 在相同荷载和行车速度条件下，随着深度的增加，塑性应变累积速率逐渐减小。在路基深处的塑性应变累积速率在加载初期迅速增长，随着加载次数增大，累积速率逐渐减小。在路基浅处的塑性应变及累积速率在加载初期与路基深处的累积规律相似，但在加载后期，应变累积速率逐渐减小，总的塑性应变并未收敛，塑性应变仍在小幅、缓慢及持续增长。

④ 在深度、荷载强度和加载次数相同的条件下，随着行车速度的增大，塑性应变逐渐增大，但塑性应变的累积速率随加载次数的增多而逐渐减小。不同速度条件下产生的塑性应变相差不大，累积速率随加载次数的增长而逐渐减小，累积量也较接近。行车速度对路基浅层塑性应变累积的影响比在深层时的影响更大，但总体上，速度对动应力的累积影响不大。

（5）车辆振动对路基中产生的动应力有影响，随着车辆振动强度的增大，在地基中产生的动应力明显增大，进一步说明路面高低不平引起的跳车而产生的振动也会增大路基中的动应力。

（6）通过研究，本次试验所用的典型的珠江三角洲软黏土的临界应力水平定为48%。当施加的循环动荷载的应力水平大于临界应力水平48%时，随着加载次数的增大，土体将表现为增量崩溃状态，土体迅速破坏；当施加的应力水平小于临界应力水平48%时，土体处于弹性安定～塑性安定状态或塑性潜变安定状态，土体稳定或基本稳定。

（7）利用土的结构性变化、能量耗散理论及土的结构熵理论，结合安定理论的分析，可以较好地揭示交通荷载作用下路基软土中的动应力累积和塑性应变累积特性和机理。

第4章　主应力轴旋转时路基软土的
　　　　　动应力累积方程

4.1　引言

根据第 3 章的模型试验与原位监测试验成果及其分析，在交通荷载作用下，路基软土中的动应力将产生累积效应。交通荷载循环施加在路基软土的过程中，先使路基软土中孔隙水压力发展、消散和累积，进而引起有效动应力的累积，导致塑性应变的累积。为了研究交通荷载作用下路基软土的塑性应变累积及永久变形发展规律，必须先解决有效动应力的累积问题。在交通荷载作用下，随着荷载的不断循环往复，动应力产生累积。与此同时，孔隙水压力也在不断发展和累积。为求解循环交通荷载作用下有效动应力的增量，需要先求出孔隙水压力的增量及车辆荷载总应力增量，根据有效应力原理，即可求得有效应力增量。

车辆循环加载过程中，路基软土中任意一点的应力状态不断变化，总应力处于不断加载、卸载的过程，且主应力轴不断旋转。为考虑路基软土中主应力轴的旋转，总应力增量借助广义塑性位势理论中的应力增量来表示。在求解循环交通荷载下路基软土中孔隙水压力的累积量时，基于亨开尔孔压模型[215]，考虑主应力轴旋转对孔隙水压力的影响，改进亨开尔孔压模型，根据模型模拟试验拟合的孔压系数，求出反映交通荷载作用下的孔压增量。通过总应力增量和孔隙水压力增量的求解，根据有效应力原理，可求出有效动应力增量。对于有效动应力增量的累积过程，采用循环加载次数取代时间因次，根据模型模拟试验结果对有效动应力增量按循环加载次数进行积分，得出有效应力的累积方程。再结合增量法原理，在深度上按动应力扩散曲线进行积分，类似分层总和法，得出动应力累积随深度的分布规律。最后根据数值计算结果与现场原型实测结果及模型模拟试验结果进行对比分析，验证交通荷载作用下路基软土动应力累积方程的正确性和合理性。

4.2　交通荷载作用下路基软土中的动应力状态及特性

4.2.1　交通荷载下路基软土中主应力轴旋转时的应力状态

当车辆行驶于公路上时，将产生应力波并快速传递作用于路面结构上，使得各层路面材料承受垂直应力、水平应力与剪应力。如图 4-1 所示，图中所示典型单元为路面以下的单元土体。该应力大小随着车辆载重、轮接触压力及路面材料力学性质的不同而有所差异。Barksdale[216] 指出当轮载重沿路面移动时，路面下某一土体单元其主应力轴的方向也将随着旋转（见图 4-2）。Brown[217] 研究车辆移动下实际路面结构中土体单元所受到的应力如图 4-3 所示，在车轮远离土体单元之前，土体单元主要承受剪应力，当车轮在土体单元正上方时，剪应力为零，垂直压应力最大，随后压应力、剪应力互为消长。

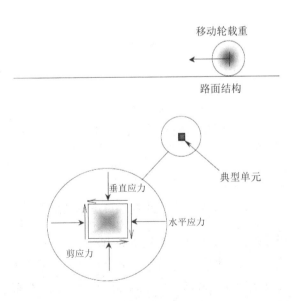

图 4-1　移动荷载下路面结构单位承受的应力 [218]

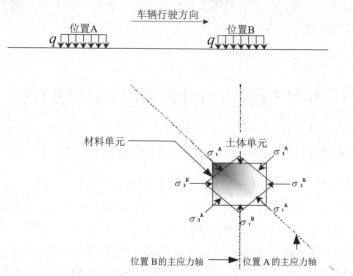

图 4-2　车辆通过时路面结构单元主应力轴的旋转 [218]

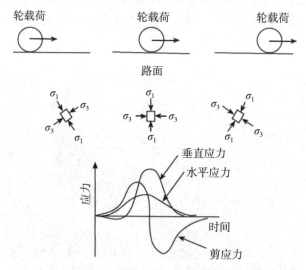

图 4-3　车轮荷重下路基土中的应力状态 [217]

　　由此可见，对于路基土中某点，在车辆荷载由远—近—远的过程中，是一个主应力轴不断旋转，加载—卸载—加载—卸载……的反复过程。主应力轴的旋转将引起剪切应力增量，进而引起塑性变形增量。主应力轴旋转会导致土体的应力增量与应变增量、应变与应力的不共轴现象。广义塑性位势理论能考虑应力增量对塑性应变增量方向的影响及主应力轴旋转的影响，可很好解决交通荷载作用下主应力轴旋转时路基土中动应力的发展状况，因此，本章将基于广义塑性位势理论中关于应力增量的分解方法，推导动应力累积的有效应力表达式。有效应力分析法考虑了循环荷载作用下孔隙水压力变化过程对土体动力特性的影响，可以分析土骨架变形、孔隙水压力消散和孔隙气压力消散三者的耦合作用，因而比总应力法更接近实际。与总应力法相比，有效应力动力分析不但提高了计算精度，更加合理地考虑了动力作用过程中土动力性质的变化，而且可以预测动力作用过程中孔隙水压力的变化过程。

4.2.2　交通荷载作用下路基土中的动应力累积

循环交通荷载作用下路基土中某点的应力与静载最大的不同在于，随着循环次数的增加，动应力是不断累积的。第一次车辆荷载从加载至远离的过程，土中的动应力是一个先增大再逐渐消散的过程。而在第一次车辆荷载所产生的动应力未完全消散时，第二次车辆荷载又重复第一次的过程，由此产生动应力的叠加和累积。从应力波和能量角度看，是前一次车辆荷载施加在土中的应力所产生的能量来不及消散，而紧接着的车辆荷载又施加了新的应力，产生了新的能量，由此产生了能量的叠加和累积。路基土的动应力累积效应是一个缓慢、长期且持续的过程。

实际的路基路面工程中交通荷载是一种长期、持续、低频的循环动荷载。车辆荷载每次通过路基土中某点时，由于速度较快，所引起的动应力水平相对较低，但多次循环反复加载后，由于动应力的累积效应，动应力水平将逐渐增大。车辆在加载过程中相关的时间参数为加载次数，而非实际的物理时间。因此，本文的研究均采用循环加载次数取代时间因素，对动应力的累积增量进行分析和计算。另外，由第三章分析可知，在行车速度 $v<200\ \text{km/h}$ 的情况下，可忽略由于行车速度对动应力累积效应的影响。因此，本文的方程推导均不考虑行车速度的影响（包括第五章的方程推导过程）。

4.2.3　基本参数的定义 [114]

本文所采用的应力参数定义如下：

平均有效主应力为：

$$p' = \frac{\sigma_1' + \sigma_2' + \sigma_3'}{3} = \frac{\sigma_1 + \sigma_2 + \sigma_3}{3} - u \tag{4-1}$$

广义剪应力为：

$$q = \sqrt{\frac{1}{2}[(\sigma_1 - \sigma_2)^2 + (\sigma_2 - \sigma_3)^2 + (\sigma_3 - \sigma_1)^2]} \tag{4-2}$$

偏应力比及中主应力系数分别为：

$$\eta = \frac{q}{p'} \qquad (4-3)$$

$$b = \frac{\sigma_2 - \sigma_3}{\sigma_1 - \sigma_3} = \frac{\sigma'_2 - \sigma'_3}{\sigma'_1 - \sigma'_3} \qquad (4-4)$$

主应力方向角为：

$$\theta = \frac{1}{2}\arctan(\frac{2\tau_{z\theta}}{\sigma_z - \sigma_\theta}) = \frac{1}{2}\arctan(\frac{2\tau_{z\theta}}{\sigma'_z - \sigma'_\theta}) \qquad (4-5)$$

这里主应力方向角是指最大应力方向 σ_1 与竖轴之间的夹角。初始主应力方向角是指固结束时的主应力方向角，定义如下：

$$\theta_0 = \frac{1}{2}\arctan(\frac{2\tau_{z\theta 0}}{\sigma_{z0} - \sigma_{\theta 0}}) = \frac{1}{2}\arctan(\frac{2\tau_{z\theta 0}}{\sigma'_{z0} - \sigma'_{\theta 0}}) \qquad (4-6)$$

式中，下标中的 0 表示固结结束尚未剪切时的应力参数值。

路基土中单元体的固结应力状态可采用主应力 σ_1，σ_2，σ_3 以及主应力方向角 θ 这 4 个独立参量来表示，也可用相应的中主应力系数 b、平均主应力 p_m、广义剪应力 q 和主应力方向角 θ 来表示。

确定了主应力系数 b、平均主应力 p_m、广义剪应力 q 和主应力方向角 θ，则可按下列公式计算出各主应力的大小：

$$\sigma_1 = p_m + \frac{2-b}{3\sqrt{b^2 - b + 1}}q \qquad (4-7)$$

$$\sigma_2 = p_m + \frac{2b-1}{3\sqrt{b^2 - b + 1}}q \qquad (4-8)$$

$$\sigma_3 = p_m - \frac{b+1}{3\sqrt{b^2 - b + 1}}q \qquad (4-9)$$

再由 σ_1，σ_2，σ_3 及 θ 可算得各平均应力分量：

$$\sigma_z = \frac{\sigma_1 + \sigma_3}{2} + \frac{\sigma_1 - \sigma_3}{2}\cos 2\theta \qquad (4-10)$$

$$\sigma_r = \sigma_2$$

$$\sigma_\theta = \frac{\sigma_1 + \sigma_3}{2} - \frac{\sigma_1 - \sigma_3}{2}\cos 2\theta \qquad (4-11)$$

$$\tau_{z\theta} = \frac{\sigma_1 - \sigma_3}{2}\sin 2\theta \qquad (4-12)$$

4.3　交通荷载下主应力旋转时路基软土中的总应力增量

4.3.1　概述

车辆在行驶过程中，于路基土中一点而言，荷载施加过程是主应力轴不断旋转的过程，可以利用广义塑性位势理论中的应力增量特性，推导交通荷载下路基软土中的动应力累积方程。广义塑性位势理论允许应力主轴旋转，塑性应变增量分量不成比例，塑性势面与屈服面相应且解具有唯一性[219]。杨光华基于张量定律从理论上推导出以 3 个塑性势函数表述的不考虑应力主轴旋转的塑性应变增量公式[220]。沈珠江、郑颖人、杨光华、殷宗泽等在广义塑性位势理论的发展中取得了卓越的成果[221~229]。

根据广义土体弹塑性势应力应变理论，主应力轴旋转包括两类[148]：一是应力的三个主值不变而主应力轴方向变化；另一类是主应力轴方向、球应力 p 与广义剪应力 q 不变，而应力洛德角 θ 发生变化，即应力路径为 π 平面上的圆周运动，也就是 π 平面上的主应力轴旋转。

在主应力轴旋转过程中，应力增量中存在使应力主轴旋转的一部分应力增量。本节利用矩阵理论，得出使主应力轴产生旋转的应力增量特性，并将一般应力增量分解成两部分：一部分与应力共主轴，称为共轴分量；另一部分使主应力轴产生旋转，称为旋转分量。在应力增量分解的基础上，将一个复杂的三维含主应力轴旋转问题简化为三维应力应变共主轴问题和应力主值不变绕某一主应力轴旋转问题的结合[148]。

4.3.2　应力增量分解[148]

主应力大小的变化与主应力轴方向旋转，是两种不同应力增量作用的结果，对这两种不同增量的特性推导如下。

1.二维应力增量分解

令应力 σ 的主值为 σ_1、σ_2，对应的方向为 N_1、N_2（见图 4-4），则

$$\sigma = \begin{pmatrix} N_1 & N_2 \end{pmatrix} \begin{pmatrix} \sigma_1 & 0 \\ 0 & \sigma_2 \end{pmatrix} \begin{pmatrix} N_1 \\ N_2 \end{pmatrix} = T_1 \wedge T_1^{\mathrm{T}} \tag{4-13}$$

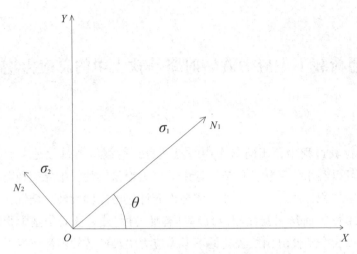

图 4-4　二维应力增量及主应力方向[148]

令 N_1 与 x 轴夹角为 θ，θ 的变化范围 $-\pi/2 < \theta < \pi/2$，则

$$T_1 = \begin{pmatrix} \cos\theta & -\sin\theta \\ \sin\theta & \cos\theta \end{pmatrix} \qquad T_1^{\mathrm{T}} = \begin{pmatrix} \cos\theta & \sin\theta \\ -\sin\theta & \cos\theta \end{pmatrix} \tag{4-14}$$

（1）共轴部分应力增量。共轴部分应力增量 $\mathrm{d}\sigma_c$ 指主应力轴方向不变，主应力值大小变化的应力增量。在主轴方向不变，主值大小变化的情况下，式（4-13）中矩阵 T_1、T_1^{T} 为常数阵，只是对角矩阵 $\wedge$ 中 σ_1，σ_2 变化，即

$$\mathrm{d}\sigma_c = \mathrm{d}(T_1 \wedge T_1^{\mathrm{T}}) = T_1(\mathrm{d}\wedge)T_1^{\mathrm{T}} = T_1 \begin{pmatrix} \mathrm{d}\sigma_1 & 0 \\ 0 & \mathrm{d}\sigma_2 \end{pmatrix} T_1^{\mathrm{T}} \tag{4-15}$$

上式表明共轴应力增量 $\mathrm{d}\sigma_c$ 特征为：在主应力坐标系下，它的正对角线元素不为零，而副对角线元素为零。这就是不考虑应力主轴旋转，只有主值变化（$\mathrm{d}\sigma_1$，$\mathrm{d}\sigma_2$）的共轴部分应力增量。

（2）旋转部分应力增量。旋转部分应力增量 $\mathrm{d}\sigma_r$ 指主应力值不变，主应力轴方向产生旋转的应力增量。这种情况下，式（4-13）对角矩阵 $\wedge$ 为常数阵，T_1、T_1^{T} 发生变化，即

$$\mathrm{d}\sigma_r = \mathrm{d}(T_1 \wedge T_1^{\mathrm{T}}) = \mathrm{d}T_1 \wedge T_1^{\mathrm{T}} + T_1 \wedge \mathrm{d}T_1^{\mathrm{T}} \tag{4-16}$$

分别对式（4-14）中两式微分，得

$$\mathrm{d}T_1 = \begin{pmatrix} -\sin\theta & -\cos\theta \\ \cos\theta & -\sin\theta \end{pmatrix}\mathrm{d}\theta, \quad \mathrm{d}T_1^{\mathrm{T}} = \begin{pmatrix} -\sin\theta & \cos\theta \\ -\cos\theta & -\sin\theta \end{pmatrix}\mathrm{d}\theta \tag{4-17}$$

结合式（4-14）、（4-17），得

$$T_1^{\mathrm{T}} \mathrm{d}T_1 = \begin{pmatrix} 0 & -1 \\ 1 & 0 \end{pmatrix} \mathrm{d}\theta, \quad \mathrm{d}T_1^{\mathrm{T}} T_1 = \begin{pmatrix} 0 & 1 \\ -1 & 0 \end{pmatrix} \mathrm{d}\theta \qquad （4-18）$$

$$\mathrm{d}\sigma_\mathrm{r}^{\mathrm{T}} = (\mathrm{d}T_1 \wedge T_1^{\mathrm{T}})^{\mathrm{T}} + (T_1 \wedge \mathrm{d}T_1^{\mathrm{T}})^{\mathrm{T}} = T_1 \wedge \mathrm{d}T_1^{\mathrm{T}} + \mathrm{d}T_1 \wedge T_1^{\mathrm{T}} = \mathrm{d}\sigma_\mathrm{r}$$

即 $\mathrm{d}\sigma_\mathrm{r}$ 为对称张量。将 $\mathrm{d}\sigma_\mathrm{r}$ 一般应力空间转换至主应力空间

$$T_1^{\mathrm{T}} \mathrm{d}\sigma_\mathrm{r} T_1 = T_1^{\mathrm{T}} (\mathrm{d}T_1 \wedge T_1^{\mathrm{T}} + T_1 \wedge \mathrm{d}T_1^{\mathrm{T}}) T_1 = (T_1^{\mathrm{T}} \mathrm{d}T_1) \wedge (T_1^{\mathrm{T}} T_1) + (T_1^{\mathrm{T}} T_1) \wedge (\mathrm{d}T_1 T_1^{\mathrm{T}})$$

$$= \begin{pmatrix} 0 & -1 \\ 1 & 0 \end{pmatrix} \mathrm{d}\theta \begin{pmatrix} \sigma_1 & 0 \\ 0 & \sigma_2 \end{pmatrix} I + I \begin{pmatrix} \sigma_1 & 0 \\ 0 & \sigma_2 \end{pmatrix} \begin{pmatrix} 0 & -1 \\ 1 & 0 \end{pmatrix} \mathrm{d}\theta = \mathrm{d}\theta \left[\begin{pmatrix} 0 & -\sigma_2 \\ \sigma_1 & 0 \end{pmatrix} + \begin{pmatrix} 0 & \sigma_1 \\ -\sigma_2 & 0 \end{pmatrix} \right]$$

$$= \begin{pmatrix} 0 & \mathrm{d}\theta(\sigma_1 - \sigma_2) \\ \mathrm{d}\theta(\sigma_1 - \sigma_2) & 0 \end{pmatrix} \qquad （4-19）$$

上式推导中利用了 T_1 为正交矩阵的性质

$$T_1^{\mathrm{T}} T_1 = T_1^{\mathrm{T}} T_1 = I$$

$$\mathrm{d}\sigma_\mathrm{r} = T_1 \begin{pmatrix} 0 & \mathrm{d}\theta(\sigma_1 - \sigma_2) \\ \mathrm{d}\theta(\sigma_1 - \sigma_2) & 0 \end{pmatrix} T_1^{\mathrm{T}} \qquad （4-20）$$

上式表明旋转部分应力增量 $\mathrm{d}\sigma_\mathrm{r}$ 是由主应力轴旋转角增量 $\mathrm{d}\theta$ 所产生的，即主应力轴旋转所产生的，它建立了旋转应力增量与主应力旋转角增量之间的关系。在主应力空间中，其正对角线元素为零，副对角线元素相等，且主应力轴旋转角增量 $\mathrm{d}\theta$ 为副对角线元素除以两主应力值之差。可见，副对角线元素表示应力主轴旋转引起的应力增量分量。

（3）应力增量分解。根据 $\mathrm{d}\sigma_\mathrm{c}$、$\mathrm{d}\sigma_\mathrm{r}$ 在主应力空间的特征，可以将任意二维应力增量 $\mathrm{d}\sigma$ 进行分解。

先对任意应力增量 $\mathrm{d}\sigma$ 进行坐标转换。令

$$B = T_1^{\mathrm{T}} \mathrm{d}\sigma T_1$$

$$B^{\mathrm{T}} = (T_1^{\mathrm{T}} \mathrm{d}\sigma T_1)^{\mathrm{T}} = T_1^{\mathrm{T}} \mathrm{d}\sigma^{\mathrm{T}} T_1 = T_1^{\mathrm{T}} \mathrm{d}\sigma T_1 = B$$

即 B 亦是对称张量，故令

$$B = \begin{pmatrix} k_1 & k_2 \\ k_2 & k_3 \end{pmatrix} = \begin{pmatrix} k_1 & 0 \\ 0 & k_3 \end{pmatrix} + \begin{pmatrix} 0 & k_2 \\ k_2 & 0 \end{pmatrix}$$

$$\mathrm{d}\sigma = T_1 B T_1^{\mathrm{T}} = T_1 \begin{pmatrix} k_1 & 0 \\ 0 & k_3 \end{pmatrix} T_1^{\mathrm{T}} + T_1 \begin{pmatrix} 0 & k_2 \\ k_2 & 0 \end{pmatrix} T_1^{\mathrm{T}} \qquad （4-21）$$

根据 $\mathrm{d}\sigma_\mathrm{c}$、$\mathrm{d}\sigma_\mathrm{r}$ 的特征式（4-15）、式（4-20）得

$$d\sigma_c = T_1 \begin{pmatrix} k_1 & 0 \\ 0 & k_3 \end{pmatrix} T_1^T \qquad d\sigma_r = T_1 \begin{pmatrix} 0 & k_2 \\ k_2 & 0 \end{pmatrix} T_1^T \qquad (4-22)$$

式中，$k_1 = d\sigma_1$，$k_3 = d\sigma_3$，$k_2 = d\theta(\sigma_1 - \sigma_2)$。

这样，就将任意二维应力增量 $d\sigma$ 分解成了与应力共主轴部分分量 $d\sigma_c$ 及使主应力轴旋转部分分量 $d\sigma_r$。显然这种分解是可行且唯一的。

2. 三维应力增量分解

同理，可将三维一般应力增量进行分解。

令应力 $d\sigma$ 的主值为 σ_1、σ_2、σ_3，对应的方向为 N_1、N_2、N_3，则

$$\sigma = (N_1 \quad N_2 \quad N_3) \begin{pmatrix} \sigma_1 & 0 & 0 \\ 0 & \sigma_2 & 0 \\ 0 & 0 & \sigma_3 \end{pmatrix} \begin{pmatrix} N_1 \\ N_2 \\ N_3 \end{pmatrix} = T \wedge T^T \qquad (4-23)$$

任意应力增量 $d\sigma$ 转换至主应力空间必有如下形式

$$T^T d\sigma T = \begin{pmatrix} M_1 & A_1 & C_1 \\ A_1 & M_2 & B_1 \\ C_1 & B_1 & M_3 \end{pmatrix}$$

则应力增量的共轴部分应力增量 $d\sigma_c$ 与旋转部分应力增量 $d\sigma_r$ 分别为

$$d\sigma_c = T \begin{pmatrix} M_1 & 0 & 0 \\ 0 & M_2 & 0 \\ 0 & 0 & M_3 \end{pmatrix} T^T \qquad (4-24)$$

式中，$M_1 = d\sigma_1$，$M_2 = d\sigma_2$，$M_3 = d\sigma_3$。

$$d\sigma_r = d\sigma_{r1} + d\sigma_{r2} + d\sigma_{r3} \qquad (4-25)$$

式中，$d\sigma_{r1} = T \begin{pmatrix} 0 & A_1 & 0 \\ A_1 & 0 & 0 \\ 0 & 0 & 0 \end{pmatrix} T^T$，$A_1 = d\theta_1(\sigma_1 - \sigma_2) = d\tau_{12}$ $\qquad (4-26)$

$$d\sigma_{r2} = T \begin{pmatrix} 0 & 0 & 0 \\ 0 & 0 & B_1 \\ 0 & B_1 & 0 \end{pmatrix} T^T，B_1 = d\theta_2(\sigma_2 - \sigma_3) = d\tau_{23} \qquad (4-27)$$

$$d\sigma_{r3} = T \begin{pmatrix} 0 & 0 & C_1 \\ 0 & 0 & 0 \\ C_1 & 0 & 0 \end{pmatrix} T^T，C_1 = d\theta_3(\sigma_1 - \sigma_3) = d\tau_{13} \qquad (4-28)$$

$$d\sigma = d\sigma_c + d\sigma_r = d\sigma_c + d\sigma_{r1} + d\sigma_{r2} + d\sigma_{r3}$$

$$= T\begin{pmatrix} d\sigma_1 & d\theta_1(\sigma_1 - \sigma_2) & d\theta_3(\sigma_1 - \sigma_3) \\ d\theta_1(\sigma_1 - \sigma_2) & d\sigma_2 & d\theta_2(\sigma_2 - \sigma_3) \\ d\theta_3(\sigma_1 - \sigma_3) & d\theta_2(\sigma_2 - \sigma_3) & d\sigma_3 \end{pmatrix} T^{\mathrm{T}} \tag{4-29}$$

式中，$d\theta_1$，$d\theta_2$，$d\theta_3$ 分别表示旋转应力增量 $d\sigma_{r1}$，$d\sigma_{r2}$，$d\sigma_{r3}$ 引起的绕第一、二、三主应力轴旋转的旋转角增量。式（4-24）～式（4-29）将三维一般应力增量分解为共主轴部分及绕某一主轴旋转部分。应力增量分解表明应力增量的旋转分量 $d\sigma_{ri}$ 是过程量，不会导致应力不变量 σ_i 等变化。其中，式（4-29）建立了旋转应力增量与绕主应力轴旋转的旋转角增量之间的关系。

由以上主应力轴旋转时应力增量二维和三维下的推导过程可以看出，应力增量及主应力轴旋转角的变化情况，较符合图 4-2 中交通荷载下主应力轴旋转的特性，能很好地描述交通荷载下路基土中的动应力特性及发展规律。

4.4　交通荷载下主应力轴旋转时路基土的孔隙水压力增量

4.4.1　概述

在车辆循环加载过程中，土中动应力和应变的累积，主要产生于循环剪应力下颗粒的相对滑移和重新排列（或土颗粒骨架结构的滑移、破损）而出现的应力应变滞后反应，以及孔隙水压力的产生、增长、消散和累积的过程，伴随孔隙水压力的重分布。

由于三维主应力轴旋转下的孔隙水压力增量求解较复杂，本书只针对"二维主应力轴旋转，三维主应力幅值变化"的三维应力体系进行分析和讨论。"二维主应力轴旋转，三维主应力幅值变化"中的二维主应力轴旋转，是指应力轴的旋转仅发生围绕中主应力轴旋转的情况，即 $d\theta_1 = d\theta_3 = 0$，$d\theta_2 = d\theta$ 的情况，由式（4-24）和式（4-29），得[114]：

$$d\sigma = T\begin{pmatrix} d\sigma_1 & 0 & 0 \\ 0 & d\sigma_2 & 0 \\ 0 & 0 & d\sigma_3 \end{pmatrix} T^{\mathrm{T}} + T\begin{pmatrix} 0 & 0 & C_1 \\ 0 & 0 & 0 \\ C_1 & 0 & 0 \end{pmatrix} T^{\mathrm{T}} \tag{4-30}$$

式中，$T = (N_1, N_2, N_3) = \begin{pmatrix} \cos\theta & 0 & -\sin\theta \\ 0 & 1 & 0 \\ \sin\theta & 0 & \cos\theta \end{pmatrix}$；$T^{\mathrm{T}} = \begin{pmatrix} N_1 \\ N_2 \\ N_3 \end{pmatrix} = \begin{pmatrix} \cos\theta & 0 & \sin\theta \\ 0 & 1 & 0 \\ -\sin\theta & 0 & \cos\theta \end{pmatrix}$；

$$C_1 = \mathrm{d}\theta(\sigma_1 - \sigma_3)。$$

4.4.2　循环动荷载下主应力轴旋转时路基土的孔隙水压力增量计算

本书采用能够反映中主应力变化的亨开尔孔压公式 [215] 来进行上述主应力轴定向剪切时的临界孔压分析。亨开尔公式的基本表达式为 [215]

$$\Delta u = \beta\left(\frac{\mathrm{d}\sigma_1 + \mathrm{d}\sigma_2 + \mathrm{d}\sigma_3}{3}\right) + A_{\mathrm{h}}\sqrt{(\mathrm{d}\sigma_1 - \mathrm{d}\sigma_2)^2 + (\mathrm{d}\sigma_2 - \mathrm{d}\sigma_3)^2 + (\mathrm{d}\sigma_3 - \mathrm{d}\sigma_1)^2} \quad （4\text{–}31）$$

式中，β，A_{h} 为亨开尔孔压公式中试样破坏时的孔压系数，对于饱和土 $\beta = 1$。$\mathrm{d}\sigma_1$，$\mathrm{d}\sigma_2$，$\mathrm{d}\sigma_3$ 表示大、中、小主应力分量幅值的改变。采用主应力幅值变量表述的亨开尔孔压公式，虽然能较好地综合反映主应力轴定向剪切过程中三个主应力值对土体孔压形成的影响，但无法对主应力轴旋转而主应力幅值不变时，路基土中孔压上升的现象做出解释 [114]。

为了能对主应力轴旋转条件下的孔压发展进行定性分析和定量预测，本节基于广义塑性力学原理，对应力全量形式表述的亨开尔孔压公式进行修正，将各主应力幅值的增量改写为各主应力增量，来反映主应力轴旋转时主应力增量等因素对孔压发展产生的影响。该修正方法的基本思路为，将亨开尔孔压公式（4–31）中的各主应力幅值的增量改写为各主应力增量，并且从孔压增量的积分入手，将考虑主应力轴旋转条件下饱和土的孔压累积公式表述为 [114]

$$\Delta u = \int \mathrm{d}u = \int \left(\left(\frac{\mathrm{d}\sigma_1 + \mathrm{d}\sigma_2 + \mathrm{d}\sigma_3}{3}\right) + A_{\mathrm{h}}'\sqrt{(\mathrm{d}\sigma_1 - \mathrm{d}\sigma_2)^2 + (\mathrm{d}\sigma_2 - \mathrm{d}\sigma_3)^2 + (\mathrm{d}\sigma_3 - \mathrm{d}\sigma_1)^2}\right)$$

$$（4\text{–}32）$$

式中，A_{h}' 为整个旋转过程中的亨开尔孔压系数（为一变量）；设 $\Delta\sigma_1$，$\Delta\sigma_2$，$\Delta\sigma_3$ 分别代表大、中、小三个主应力增量。$\Delta\sigma_1$，$\Delta\sigma_2$，$\Delta\sigma_3$ 与一般几何空间中的应力增量的关系可表述如下 [114]

$$\Delta\sigma_1 = \frac{\mathrm{d}\sigma_z + \mathrm{d}\sigma_\theta}{2} + \sqrt{(\frac{\mathrm{d}\sigma_z - \mathrm{d}\sigma_\theta}{2})^2 + (\mathrm{d}\tau_{z\theta})^2} \quad （4\text{–}33）$$

$$\Delta\sigma_2 = \mathrm{d}\sigma_r \quad （4\text{–}34）$$

$$\Delta\sigma_3 = \frac{\mathrm{d}\sigma_z + \mathrm{d}\sigma_\theta}{2} + \sqrt{(\frac{\mathrm{d}\sigma_z - \mathrm{d}\sigma_\theta}{2})^2 + (\mathrm{d}\tau_{z\theta})^2} \quad （4\text{–}35）$$

$$\Delta\sigma_1 + \Delta\sigma_2 + \Delta\sigma_3 = \mathrm{d}\sigma_z + \mathrm{d}\sigma_r + \mathrm{d}\sigma_\theta \quad （4\text{–}36）$$

$$(\Delta\sigma_1 - \Delta\sigma_2)^2 = [(\frac{\mathrm{d}\sigma_z + \mathrm{d}\sigma_\theta}{2})^2 + \sqrt{(\frac{\mathrm{d}\sigma_z - \mathrm{d}\sigma_\theta}{2})^2 + (\mathrm{d}\tau_{z\theta})^2} - \mathrm{d}\sigma_r]^2 \quad （4\text{–}37）$$

$$(\Delta\sigma_2 - \Delta\sigma_3)^2 = [(\frac{\mathrm{d}\sigma_z + \mathrm{d}\sigma_\theta}{2})^2 + \sqrt{(\frac{\mathrm{d}\sigma_z - \mathrm{d}\sigma_\theta}{2})^2 + (\mathrm{d}\tau_{z\theta})^2} - \mathrm{d}\sigma_r]^2 \qquad (4-38)$$

$$(\Delta\sigma_3 - \Delta\sigma_1)^2 = 4[(\frac{\mathrm{d}\sigma_z - \mathrm{d}\sigma_\theta}{2})^2 + (\mathrm{d}\tau_{z\theta})^2] \qquad (4-39)$$

$$(\Delta\sigma_1 - \Delta\sigma_2)^2 + (\Delta\sigma_2 - \Delta\sigma_3)^2 + (\Delta\sigma_3 - \Delta\sigma_1)^2$$

$$= 6(\frac{\mathrm{d}\sigma_z - \mathrm{d}\sigma_\theta}{2})^2 + 6(\mathrm{d}\tau_{z\theta})^2 + 2(\frac{\mathrm{d}\sigma_z + \mathrm{d}\sigma_\theta}{2})^2 + 2\mathrm{d}\sigma_r^2 - 4(\frac{\mathrm{d}\sigma_z + \mathrm{d}\sigma_\theta}{2})\mathrm{d}\sigma_r \qquad (4-40)$$

式（4-33）～式（4-40）中，$\mathrm{d}\sigma_z$，$\mathrm{d}\sigma_r$，$\mathrm{d}\sigma_\theta$，$\mathrm{d}\tau_{z\theta}$ 分别表示单元体在发生微小应力状态改变条件下（包括主应力轴的旋转和主应力幅值的改变），单元体上轴向、径向、切向以及扭剪应力的改变值。

根据式（4-33）～式（4-40），为求解主应力增量，须求解旋转条件下的一般应力分量增量 $\mathrm{d}\sigma_z$，$\mathrm{d}\sigma_r$，$\mathrm{d}\sigma_\theta$，$\mathrm{d}\tau_{z\theta}$。将式（4-40）分三种情况来求解上述主应力增量与一般应力分量增量之间的关系。

（1）在主应力轴只变幅不旋转的定向剪切过程中，式（4-40）表示的应力分量增量矩阵可写为[114]

$$\mathrm{d}\sigma = \begin{Bmatrix} \mathrm{d}\sigma_{11} & \mathrm{d}\sigma_{12} & \mathrm{d}\sigma_{13} \\ \mathrm{d}\sigma_{21} & \mathrm{d}\sigma_{22} & \mathrm{d}\sigma_{23} \\ \mathrm{d}\sigma_{31} & \mathrm{d}\sigma_{32} & \mathrm{d}\sigma_{33} \end{Bmatrix} = T \begin{Bmatrix} \mathrm{d}\sigma_1 & 0 & 0 \\ 0 & \mathrm{d}\sigma_2 & 0 \\ 0 & 0 & \mathrm{d}\sigma_3 \end{Bmatrix} T^{\mathrm{T}}$$

$$= \begin{Bmatrix} \cos\theta & 0 & -\sin\theta \\ 0 & 1 & 0 \\ \sin\theta & 0 & \cos\theta \end{Bmatrix} \cdot \begin{Bmatrix} \dfrac{2-b}{3}2\mathrm{d}q & 0 & 0 \\ 0 & \dfrac{2b-1}{3}2\mathrm{d}q & 0 \\ 0 & 0 & \dfrac{-1-b}{3}2\mathrm{d}q \end{Bmatrix} \cdot \begin{Bmatrix} \cos\theta & 0 & \sin\theta \\ 0 & 1 & 0 \\ -\sin\theta & 0 & \cos\theta \end{Bmatrix}$$

$$= \frac{2\mathrm{d}q}{3} \cdot \begin{Bmatrix} 2\cos^2\theta - \sin^2\theta - b & 0 & 3\sin\theta\cos\theta \\ 0 & 2b-1 & 0 \\ 3\sin\theta\cos\theta & 0 & 2\sin^2\theta - \cos^2\theta - b \end{Bmatrix} = \begin{Bmatrix} \mathrm{d}\sigma_z & \mathrm{d}\tau_{zr} & \mathrm{d}\tau_{z\theta} \\ \mathrm{d}\tau_{rz} & \mathrm{d}\sigma_r & \mathrm{d}\tau_{r\theta} \\ \mathrm{d}\tau_{\theta z} & \mathrm{d}\tau_{\theta r} & \mathrm{d}\sigma_\theta \end{Bmatrix}$$

$$(4-41)$$

（2）在进行主应力轴不变幅的纯主应力轴旋转过程中（进行纯主应力轴旋转时，C_1 为常数，$\mathrm{d}\sigma_1 = \mathrm{d}\sigma_2 = \mathrm{d}\sigma_3 = 0$），应力分量增量矩阵可写为[114]

$$d\sigma = \begin{Bmatrix} d\sigma_{11} & d\sigma_{12} & d\sigma_{13} \\ d\sigma_{21} & d\sigma_{22} & d\sigma_{23} \\ d\sigma_{31} & d\sigma_{32} & d\sigma_{33} \end{Bmatrix} = T \begin{Bmatrix} 0 & 0 & C_1 \\ 0 & 0 & 0 \\ C_1 & 0 & 0 \end{Bmatrix} T^{\mathrm{T}}$$

$$= \begin{Bmatrix} \cos\theta & 0 & -\sin\theta \\ 0 & 1 & 0 \\ \sin\theta & 0 & \cos\theta \end{Bmatrix} \cdot \begin{Bmatrix} 0 & 0 & d\theta(\sigma_1 - \sigma_3) \\ 0 & 0 & 0 \\ d\theta(\sigma_1 - \sigma_3) & 0 & 0 \end{Bmatrix} \cdot \begin{Bmatrix} \cos\theta & 0 & \sin\theta \\ 0 & 1 & 0 \\ -\sin\theta & 0 & \cos\theta \end{Bmatrix}$$

$$= \begin{Bmatrix} -2q_0\sin2\theta d\theta & 0 & -2q_0\cos2\theta d\theta \\ 0 & 0 & 0 \\ 2q_0\cos2\theta d\theta & 0 & 2q_0\sin2\theta d\theta \end{Bmatrix} = \begin{Bmatrix} d\sigma_z & d\tau_{zr} & d\tau_{z\theta} \\ d\tau_{rz} & d\sigma_r & d\tau_{r\theta} \\ d\tau_{\theta z} & d\tau_{\theta r} & d\sigma_\theta \end{Bmatrix}$$

（4-42）

式中，q_0 代表纯主应力轴旋转时大小主应力莫尔圆的半径，θ 是大主应力轴即时方位角。

（3）在大主应力轴方向角 θ 与剪应力 q 的幅值同步变化的过程中，应力增量分量矩阵表达式有[114]

$$d\sigma = \begin{Bmatrix} d\sigma_{11} & d\sigma_{12} & d\sigma_{13} \\ d\sigma_{21} & d\sigma_{22} & d\sigma_{23} \\ d\sigma_{31} & d\sigma_{32} & d\sigma_{33} \end{Bmatrix} = T \begin{Bmatrix} d\sigma_1 & 0 & 0 \\ 0 & d\sigma_2 & 0 \\ 0 & 0 & d\sigma_3 \end{Bmatrix} T^{\mathrm{T}} + T \begin{Bmatrix} 0 & 0 & C_1 \\ 0 & 0 & 0 \\ C_1 & 0 & 0 \end{Bmatrix} T^{\mathrm{T}}$$

$$= T \left(\begin{Bmatrix} (\frac{2-b}{3})kd\theta & 0 & 0 \\ 0 & (\frac{2b-1}{3})kd\theta & 0 \\ 0 & 0 & (\frac{-1-b}{3})kd\theta \end{Bmatrix} + \begin{Bmatrix} 0 & 0 & (2q_0+k\theta)d\theta \\ 0 & 0 & 0 \\ (2q_0+k\theta)d\theta & 0 & 0 \end{Bmatrix} \right) T^{\mathrm{T}}$$

$$= \frac{kd\theta}{3} \begin{Bmatrix} 2\cos^2\theta - \sin^2\theta - b & 0 & 3\sin\theta\cos\theta \\ 0 & 2b-1 & 0 \\ 3\sin\theta\cos\theta & 0 & 2\sin^2\theta - \cos^2\theta - b \end{Bmatrix} + (2q_0+k\theta) \begin{Bmatrix} -\sin2\theta d\theta & 0 & \cos2\theta d\theta \\ 0 & 0 & 0 \\ \cos2\theta d\theta & 0 & \sin2\theta d\theta \end{Bmatrix}$$

$$= \begin{Bmatrix} d\sigma_z & d\tau_{zr} & d\tau_{z\theta} \\ d\tau_{rz} & d\sigma_r & d\tau_{r\theta} \\ d\tau_{\theta z} & d\tau_{\theta r} & d\sigma_\theta \end{Bmatrix}$$

（4-43）

因此根据式（4-40）～式（4-43）可知[114]：

（1）纯主应力轴旋转时

$$\Delta\sigma_1 + \Delta\sigma_2 + \Delta\sigma_3 = d\sigma_z + d\sigma_r + d\sigma_\theta = -2q_0\sin2\theta d\theta + 0 + 2q_0\sin2\theta d\theta = 0$$

$$(\Delta\sigma_1 - \Delta\sigma_2)^2 + (\Delta\sigma_2 - \Delta\sigma_3)^2 + (\Delta\sigma_3 - \Delta\sigma_1)^2 = 6(\frac{-2q_0\sin2\theta d\theta}{2})^2 + 6(q_0\cos2\theta d\theta)^2 = 6(q_0 d\theta)^2$$

$$(\Delta\sigma_1 - \Delta\sigma_2)^2 + (\Delta\sigma_2 - \Delta\sigma_3)^2 + (\Delta\sigma_3 - \Delta\sigma_1)^2 = 6(\frac{-4q_0\sin2\theta d\theta}{2})^2 + 6(2q_0\cos2\theta d\theta)^2 = 6(2q_0 d\theta)^2$$

故由式（4-32），可将此条件下的孔压表述为

$$\Delta u_1 = \int du_1 = \int (2\sqrt{6}A_h' q_0 d\theta) \tag{4-44}$$

（2）对主应力轴与幅值同步变化的过程有

$$\Delta\sigma_1 + \Delta\sigma_2 + \Delta\sigma_3 = d\sigma_z + d\sigma_r + d\sigma_\theta = \frac{kd\theta}{3}[(1-2b) + (2b-1)] = 0$$

$$(\Delta\sigma_1 - \Delta\sigma_2)^2 + (\Delta\sigma_2 - \Delta\sigma_3)^2 + (\Delta\sigma_3 - \Delta\sigma_1)^2$$

$$= \frac{3}{2}(k^2 d^2\theta\cos^2 2\theta - 4k(2q)\cos2\theta\sin2\theta d^2\theta + 4(2q)^2\sin^2 2\theta d^2\theta) + \frac{1}{2}\times\frac{1}{9}\times k^2 d^2\theta(1-2b)^2$$

$$+ \frac{3}{2}(k^2\theta^2\sin2\theta + 4k(2q)\sin2\theta\cos2\theta d\theta + 4(2q)^2\cos^2 2\theta d^2\theta) + 2\times\frac{1}{9}\times k^2 d^2\theta(2b-1)^2$$

$$- 2\times\frac{(2q)}{3}(1-2b)\times\frac{(2q)}{3}(2b-1)\times k^2 d^2\theta$$

$$= \frac{3}{2}(k^2 d^2\theta + 4(2q)^2 d^2\theta) + \frac{1}{2}\times k^2 d^2\theta(1-2b)^2$$

$$= (2b^2 - 2b + 1)k^2 d^2\theta + 6d^2\alpha(2q_1 + k\theta)^2 = [(2b^2 - 2b + 1)k^2 + 6(2q_1 + k\theta)^2]d^2\theta$$

式中，$k = \frac{2dq}{d\theta}$。

由式（4-32），可将此条件下的孔压表述为[114]：

$$\Delta u_2 = \int du_2 = \int A_h' d\theta\sqrt{(2b^2 - 2b + 1)k^2 + 6(2q_1 + k\theta)^2} \tag{4-45}$$

式中，q_1 表示主应力轴开始旋转时的初始 q 值。

从式（4-44）和式（4-45）可知，纯主应力轴旋转是剪应力 q 与大主应力轴方位角 θ 同步变化时 $k=0$ 的一种特例。旋转时刻的剪应力值和转角幅度，中主应力参数 b 以及孔压系数 A_h' 均是决定主应力轴旋转过程中孔压累积大小的主要因素。交通荷载作用下主应力轴旋转总的孔隙水压力增量为上述两种情况的耦合，可表示为[114]

$$\Delta u = \int A_h' \mathrm{d}\theta \sqrt{(2b^2 - 2b + 1)k^2 + 6(2q_1 + k\theta)^2} \tag{4-46}$$

4.5 主应力轴旋转时路基土的有效应力增量表达式

4.5.1 主应力轴旋转时土体的有效应力增量表达式

根据有效应力原理，饱和土中任一平面上受到的总应力，等于有效应力加孔隙水压力，土的强度变化和变形只取决于有效应力的变化，有

$$\sigma' = \sigma - u \tag{4-47}$$

式中，σ' 为土中有效应力；σ 为总应力；u 为孔隙水压力。

有效应力的增量表达式为：

$$\mathrm{d}\sigma' = \mathrm{d}\sigma - \mathrm{d}u \tag{4-48}$$

由 4.3 和 4.4 的推导，将式（4-48）中的 $\mathrm{d}\sigma$ 和 $\mathrm{d}u$ 用主应力轴旋转下的相应增量式代替，在主应力轴旋转条件下可得有效应力增量表达式为：

$$\mathrm{d}\sigma' = \mathrm{d}\sigma - \mathrm{d}u = (\mathrm{d}\sigma_c + \mathrm{d}\sigma_{r1} + \mathrm{d}\sigma_{r2} + \mathrm{d}\sigma_{r3}) - A_h' \mathrm{d}\theta \sqrt{(2b^2 - 2b + 1)k^2 + 6(2q_1 + k\theta)^2} \tag{4-49}$$

4.5.2 孔隙水压力系数的确定

孔隙水压力系数是表示不排水条件下土体孔隙水压力增量与应力增量关系的系数。循环动荷载作用下路基软土在荷载作用的短暂时间内，可近似认为是不排水或局部排水。由此可以通过模型模拟试验所获取的孔隙水压力增量与应力增量的试验数据，进行归一化分析和线性拟合，以确定孔隙水压力系数的值。

根据第二章和第三章的试验数据，将各种荷载强度和不同速度条件下，循环加载次数为 10，50，100，150，200，250，300 次时，深度 15.0 cm 处的孔隙水压力增量与累积的动应力增量数值如表 4-1 所示。

表 4-1　模型试验孔隙水压力增量与动应力增量

加载次数	加载条件								
	P=22.0 kPa			P=39.4 kPa			P=57.0 kPa		
	v=2.4 m/s	v=3.0 m/s	v=4.0 m/s	v=2.4 m/s	v=3.0 m/s	v=4.0 m/s	v=2.4 m/s	v=3.0 m/s	v=4.0 m/s

（续　表）

孔压增量 Δu	10	0.56	0.90	1.75	1.24	1.50	1.96	1.69	2.26	3.36
	50	2.70	3.30	3.40	3.88	4.44	5.17	4.60	5.33	6.29
	100	0.88	0.73	0.90	1.98	1.98	2.53	2.45	2.30	2.08
	150	0.26	0.32	0.05	0.73	1.08	1.59	1.09	1.47	1.78
	200	0.17	0.20	0.05	0.80	1.00	1.32	0.66	1.14	1.57
	250	0.10	0.05	0.07	0.74	0.64	0.26	0.61	0.67	1.18
	300	0.11	0.07	0.35	0.67	0.87	0.27	0.67	0.68	0.78
累积有效动应力增量 $\Delta\sigma'$	10	1.49	2.15	3.81	2.96	3.40	4.08	4.34	4.09	6.72
	50	7.10	7.87	7.40	9.23	10.10	10.77	11.79	13.55	12.58
	100	2.32	1.75	1.95	4.71	4.50	5.27	6.29	5.35	4.15
	150	0.68	0.76	0.11	1.73	2.45	3.31	2.80	3.41	3.56
	200	0.45	0.48	0.11	1.90	2.27	2.76	1.69	2.65	3.13
	250	0.26	0.12	0.16	1.75	1.47	0.55	1.57	1.55	2.37
	300	0.28	0.18	0.77	1.59	1.97	0.56	1.71	1.59	1.55

将表 4-1 中的孔压增量与累积的动应力增量进行线性拟合（见图 4-5），拟合方程为：

$$\Delta u = A_h' \Delta\sigma' + i \qquad (4-50)$$

式中，Δu 为孔隙水压力增量，$\Delta\sigma'$ 为累积的有效动应力增量，A_h' 为孔压系数，i 为试验系数，与土性及加载条件有关。

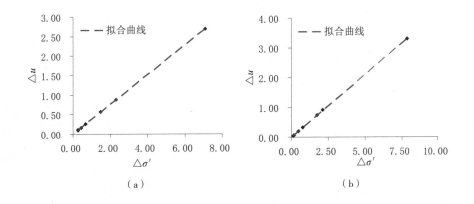

（a）　　　　　　　　　　　　　（b）

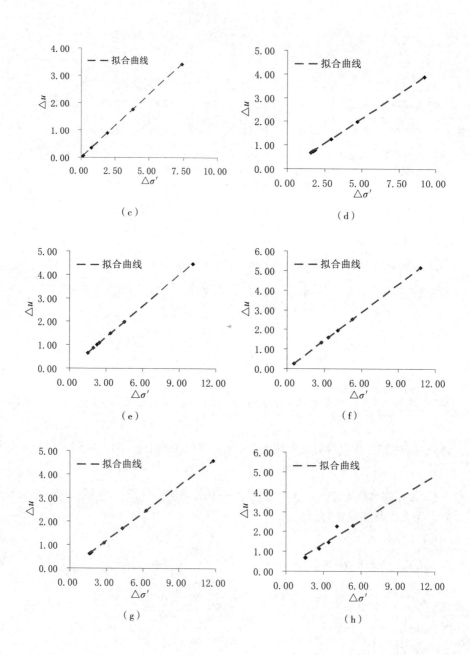

（c）

（d）

（e）

（f）

（g）

（h）

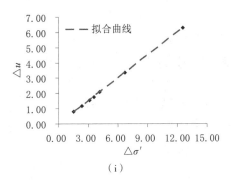

（ⅰ）

图 4-5　孔隙水压力系数线性拟合曲线

（a）P=22.0 kPa，v=2.4 m/s；（b）P=22.0 kPa，v=3.0 m/s；（c）P=22.0 kPa，v=4.0 m/s；
（d）P=39.4 kPa，v=2.4 m/s；（e）P=39.4 kPa，v=3.0 m/s；（f）P=39.4 kPa，v=4.0 m/s；
（g）P=57.0 kPa，v=2.4 m/s；（h）P=57.0 kPa，v=3.0 m/s；（ⅰ）P=57.0 kPa，v=4.0 m/s

对图 4-5 进行归一化分析（见表 4-2），从归一化分析表 4-2 可以看出：孔压增量与累积的动应力增量之间线性拟合的相关系数 R^2 在 0.98 ～ 1.0 之间；孔压系数 A'_h 在 0.38 ～ 0.50 之间波动，平均值为 0.43，标准差在 0.03 ～ 0.06 之间；i 在 0.0 ～ 0.21 之间，平均值为 0.02，标准差为 0.0 ～ 0.12。由此可见，拟合的孔压系数曲线离散性很小，相关性很大，显著性强。因此，对于本试验所对应的孔隙水压力系数 A'_h，本书取其平均值，即 A'_h =0.43。

表 4-2　孔压系数拟合回归分析表

加载条件		线性拟合方程	R^2	A'_h	标准差	i	标准差
P/kPa	v/(m/s)						
22.0	2.4	$\Delta u = 0.38\Delta\sigma'$	1.0	0.38	0.04	0	0.0
	3.0	$\Delta u = 0.42\Delta\sigma' - 4^{10-16}$	1.0	0.42		$-4E-16$	
	4.0	$\Delta u = 0.46\Delta\sigma' - 5^{10-16}$	1.0	0.46		$-5E-16$	
39.4	2.4	$\Delta u = 0.42\Delta\sigma'$	1.0	0.42	0.03	0	0.0
	3.0	$\Delta u = 0.44\Delta\sigma'$	1.0	0.44		0	
	4.0	$\Delta u = 0.48\Delta\sigma' + 9^{10-16}$	1.0	0.48		$9E-16$	
57.0	2.4	$\Delta u = 0.39\Delta\sigma'$	1.0	0.39	0.06	0	0.12
	3.0	$\Delta u = 0.39\Delta\sigma' + 0.21$	0.98	0.39		0.21	
	4.0	$\Delta u = 0.50\Delta\sigma'$	1.0	0.50		0	

4.6 交通荷载循环作用下有效应力累积的求解

由前述可知，交通荷载是长期、持续、低频的循环动荷载，车辆荷载单次引起的动应力水平较低，一般无须考虑材料的动力特性。因此，加载过程中相关的时间参数为加载次数，而非实际的物理时间。而动应力累积正是由于循环加载次数的增大而产生的。对于其中某一点的有效应力增量 $d\sigma'$ 为时间 $t=NT$ 的函数，此处 N 为施加的轴载的次数，T 为相邻两次加载的时间间隔[230]（见图 4–6）。

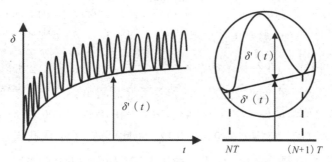

图 4–6   长期往复荷载作用下路基的应力、变形规律[230]

为求解循环动荷载下路基土中的动应力累积量，将式（4-49）按循环加载次数进行积分，即可求得交通荷载下车载次数与动应力的累积特征方程。定义一个与车辆荷载强度及加载次数相关的函数 $f(P, N)$，则主应力轴旋转下路基土体与车载强度 P 及加载次数 N 相关的有效动应力累积总量为：

$$\sigma'_{ds} = \int [f(P,N)d\sigma']^{\frac{1}{2}}dN = \int [f(P,N)(d\sigma - du)]^{\frac{1}{2}}dN$$
$$= \int [f(P,N)]^{\frac{1}{2}}[(d\sigma_c + d\sigma_{r1} + d\sigma_{r2} + d\sigma_{r3}) - A'_h d\theta \sqrt{(2b^2 - 2b + 1)k^2 + 6(2q_1 + k\theta)^2}]^{\frac{1}{2}}dN$$

$$（4-51）$$

为获取函数 $f(P, N)$ 的表达式，将模型模拟试验数据中的车载强度 P 与累积动应力 σ_{ds}、加载次数 N 与累积动应力 σ_{ds} 分别取自然对数进行线性拟合，并进行归一化处理，得：

$$f(P,N) = \exp(\frac{A+B}{2}) \tag{4-52}$$

式中，A 是与车载强度 P 有关的函数；B 是与加载次数 N 有关的函数；A、B 由试验数据按自然对数进行线性拟合（见图 4–7 和图 4–8），其表达式分别为：

$$A = m_1 \ln P + n_1 \qquad (4\text{-}53)$$

$$B = m_2 \ln N + n_2 \qquad (4\text{-}54)$$

则

$$f(P, N) = \exp(\frac{A+B}{2}) = \exp[\frac{(m_1 \ln P + n_1) + (m_2 \ln N + n_2)}{2}] \qquad (4\text{-}55)$$

式中，m_1、n_1、m_2、n_2 是与土体结构、含水率、应力水平及应力历史等有关的回归系数。为确定这些回归系数，对 A、B 的线性拟合曲线的回归结果（见表 4-3 和表 4-4）进行分析。

从表 4-3 可以看出，拟合的函数 A 的自然对数曲线 R^2 的最大值为 1.0，最小值为 0.733，平均值为 0.888；m_1 最大值为 2.457，最小值为 0.552，平均值为 1.178，标准差为 0.270 ~ 0.513；n_1 最大值为 0.247，最小值为 –9.15，平均值为 –2.462，标准差为 1.142 ~ 2.940；可见拟合的函数 A 离散性较小，相关性大，显著性较强。

从表 4-4 可以看出，拟合的函数 B 的自然对数曲线 R^2 的最大值为 0.989，最小值为 0.838，平均值为 0.93；m_2 最大值为 0.791，最小值为 0.368，平均值为 0.594，标准差为 0.071 ~ 0.139；n_2 最大值为 0.945，最小值为 –3.264，平均值为 –0.69，标准差为 0.656 ~ 1.264。由此可见，拟合的函数 B 离散性也较小，相关性大，显著性也较强。

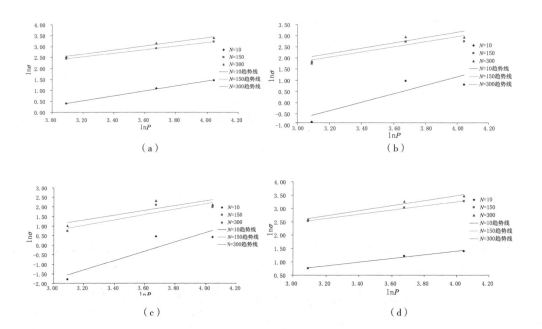

（a）　　　　　　　　　　　　　（b）

（c）　　　　　　　　　　　　　（d）

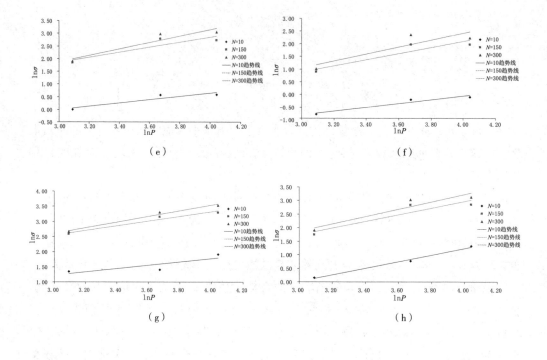

图 4-7　函数 A 的自然对数拟合曲线

（a）v=2.4 m/s, z=15.0 cm;　（b）v=2.4 m/s, z=45.0 cm;　（c）v=2.4 m/s, z=85.0 cm;

（d）v=3.0 m/s, z=15.0 cm;　（e）v=3.0 m/s, z=45.0 cm;　（f）v=3.0 m/s, z=85.0 cm;

（g）v=4.0 m/s, z=15.0 cm;　（h）v=4.0 m/s, z=45.0 cm;　（i）v=4.0 m/s, z=85.0 cm

　　根据以上分析，则函数 A 和 B 中的参数 m_1、n_1、m_2、n_2 分别取值为：m_1=1.485，n_1=-2.462，m_2=0.587，n_2=-0.69。则

$$f(P,N) = \exp(\frac{A+B}{2}) = \exp[\frac{(1.485\ln P - 2.462) + (0.587\ln N - 0.69)}{2}] \quad （4-56）$$

表 4-3　函数 A 的自然对数拟合结果

速度 v /（m/s）	深度 z /cm	加载次数 N / 次	拟合自然对数方程	R^2	回归系数			
					m_1	标准差	n_1	标准差
2.4	15.0	10	$\ln\sigma = 1.132\ln P - 3.094$	0.999	1.132		−3.094	
		150	$\ln\sigma = 0.817\ln P - 0.076$	1.0	0.817		−0.076	
		300	$\ln\sigma = 0.937\ln P - 0.337$	0.982	0.937		−0.337	
	45.0	10	$\ln\sigma = 1.895\ln P - 6.519$	0.791	1.895		−6.519	
		150	$\ln\sigma = 1.136\ln P - 1.683$	0.862	1.136	0.513	−1.683	2.940
		300	$\ln\sigma = 1.20\ln P - 1.737$	0.847	1.20		−1.737	
	85.0	10	$\ln\sigma = 2.457\ln P - 9.15$	0.841	2.457		−9.15	
		150	$\ln\sigma = 1.40\ln P - 3.427$	0.80	1.40		−3.427	
		300	$\ln\sigma = 1.25\ln P - 2.686$	0.733	1.25		−2.686	
3.0	15.0	10	$\ln\sigma = 0.686\ln P - 1.338$	0.988	0.686		−1.338	
		150	$\ln\sigma = 0.788\ln P + 0.102$	0.997	0.788		0.102	
		300	$\ln\sigma = 0.948\ln P - 0.308$	0.972	0.948		−0.308	
	45.0	10	$\ln\sigma = 0.642\ln P - 1.934$	0.875	0.642		−1.934	
		150	$\ln\sigma = 1.00\ln P - 1.152$	0.82	1.00	0.270	−1.152	1.142
		300	$\ln\sigma = 1.269\ln P - 1.933$	0.887	1.269		−1.933	
	85.0	10	$\ln\sigma = 0.742\ln P - 3.03$	0.931	0.742		−3.03	
		150	$\ln\sigma = 1.20\ln P - 2.702$	0.85	1.20		−2.702	
		300	$\ln\sigma = 1.377\ln P - 3.091$	0.782	1.377		−3.091	
4.0	15.0	10	$\ln\sigma = 0.552\ln P - 0.439$	0.734	0.552		−0.439	
		150	$\ln\sigma = 0.767\ln P + 0.247$	0.959	0.767		0.247	
		300	$\ln\sigma = 0.929\ln P - 0.181$	0.979	0.929		−0.181	
	45.0	10	$\ln\sigma = 1.211\ln P - 3.616$	0.993	1.211		−3.616	
		150	$\ln\sigma = 1.227\ln P - 1.941$	0.857	1.227	0.412	−1.941	2.274
		300	$\ln\sigma = 1.344\ln P - 2.158$	0.90	1.344		−2.158	
	85.0	10	$\ln\sigma = 1.852\ln P - 6.884$	0.994	1.852		−6.884	
		150	$\ln\sigma = 1.623\ln P - 4.168$	0.78	1.623		−4.168	
		300	$\ln\sigma = 1.428\ln P - 3.235$	0.81	1.428		−3.235	

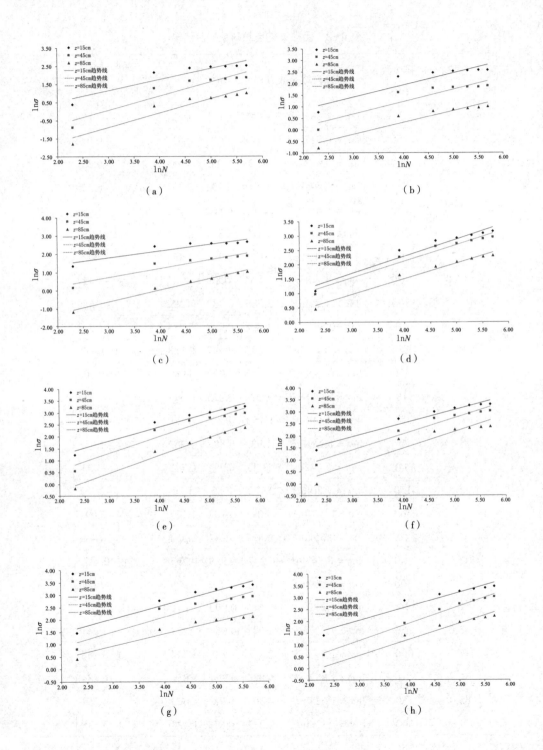

（a）

（b）

（c）

（d）

（e）

（f）

（g）

（h）

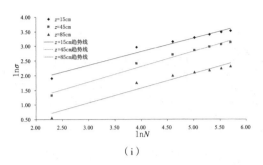

（i）

图 4-8　函数 B 的自然对数拟合曲线

（a）P=22.0 kPa, v=2.4 m/s；（b）P=22.0 kPa, v=3.0 m/s；（c）P=22.0 kPa, v=4.0m/s；
（d）P=39.4 kPa, v=2.4 m/s；（e）P=39.4 kPa, v=3.0m/s；（f）P=39.4 kPa, v=4.0m/s；
（g）P=57.0 kPa, v=2.4 m/s；（h）P=57.0 kPa, v=3.0 m/s；（i）P=57.0 kPa, v=4.0 m/s

表 4-4　函数 B 的自然对数拟合结果

荷载 P /kPa	速度 v /（m/s）	路基深度 z /cm	拟合自然对数方程	R^2	回归系数			
					m_2	标准差	n_2	标准差
22.0	2.4	15.0	$\ln\sigma = 0.607\ln N - 0.677$	0.865	0.607		−0.677	
		45.0	$\ln\sigma = 0.784\ln N - 2.293$	0.885	0.784	0.139	−2.293	1.264
		85.0	$\ln\sigma = 0.791\ln N - 3.264$	0.908	0.791		−3.264	
22.0	3.0	15.0	$\ln\sigma = 0.517\ln N - 0.134$	0.855	0.517		−0.134	
		45.0	$\ln\sigma = 0.531\ln N - 0.904$	0.838	0.531		−0.904	
		85.0	$\ln\sigma = 0.51\ln N - 1.723$	0.90	0.51	0.139	−1.723	1.264
	4.0	15.0	$\ln\sigma = 0.368\ln N +0.697$	0.856	0.368		0.697	
		45.0	$\ln\sigma = 0.496\ln N - 0.781$	0.911	0.496		−0.781	
		85.0	$\ln\sigma = 0.644\ln N - 2.561$	0.984	0.644		−2.561	
39.4	2.4	15.0	$\ln\sigma = 0.598\ln N - 0.101$	0.948	0.598		−0.101	
		45.0	$\ln\sigma = 0.575\ln N - 0.186$	0.957	0.575	0.071	−0.186	0.656
		85.0	$\ln\sigma = 0.543\ln N - 0.66$	0.972	0.543		−0.66	

（续　表）

荷载 P /kPa	速度 v /（m/s）	路基深度 z /cm	拟合自然对数方程	R^2	回归系数			
					m_2	标准差	n_2	标准差
	3.0	15.0	$\ln\sigma = 0.584\ln N + 0.059$	0.952	0.584		0.059	
		45.0	$\ln\sigma = 0.697\ln N - 0.79$	0.931	0.697		-0.79	
		85.0	$\ln\sigma = 0.743\ln N - 1.759$	0.98	0.743		-1.759	
	4.0	15.0	$\ln\sigma = 0.559\ln N + 0.289$	0.95	0.559		0.289	
		45.0	$\ln\sigma = 0.665\ln N - 0.578$	0.955	0.665		-0.578	
		85.0	$\ln\sigma = 0.685\ln N - 1.258$	0.894	0.685		-1.258	
57.0	2.4	15.0	$\ln\sigma = 0.561\ln N + 0.357$	0.946	0.561		0.357	
		45.0	$\ln\sigma = 0.605\ln N - 0.313$	0.907	0.605		-0.313	
		85.0	$\ln\sigma = 0.489\ln N - 0.523$	0.93	0.489		-0.523	
	3.0	15.0	$\ln\sigma = 0.593\ln N + 0.251$	0.938	0.593	0.089	0.251	0.747
		45.0	$\ln\sigma = 0.733\ln N - 1.02$	0.989	0.733		-1.02	
		85.0	$\ln\sigma = 0.676\ln N - 1.477$	0.962	0.676		-1.477	
	4.0	15.0	$\ln\sigma = 0.467\ln N + 0.945$	0.968	0.467		0.945	
		45.0	$\ln\sigma = 0.525\ln N + 0.209$	0.98	0.525		0.209	
		85.0	$\ln\sigma = 0.501\ln N - 0.44$	0.948	0.501		-0.44	

4.7　增量法解决交通荷载下路基中任意深度上有效动应力累积量

　　增量法的基本原理是把荷载分成许多小的荷载增量。这些荷载增量一般取成大小相等。对于每级荷载增量，假定回弹模量取固定值，但对于不同级的荷载增量，回弹模量是取不同的数值。对于每级荷载，求出竖向附加应力的增量。把这级荷载和以前各级荷载增量累加起来，就得到任一加载级的总竖向附加应力。将增量过程重复进行，直至总荷载为止。增量法本质上是用一系列线性问题近似表达非线性问题，是用分段线性折线去代替非线性曲线。

由以上原理，根据累积的动应力在深度上的分布（扩散）曲线，按动应力随路基深度分布曲线在深度上进行积分，可求得交通荷载下主应力轴旋转时路基土在不同深度上的有效动应力累积量，即路基中任意点的有效动应力累积量。

参照 4.6 中的处理方法，构建一函数 $f(z)$，将模型模拟试验数据中的路基深度 z 与累积动应力 σ_{ds}，取自然对数进行线性拟合，并进行归一化处理，得：

$$f(z) = \exp(C) \tag{4-57}$$

式中，C 是交通荷载循环作用下与路基深度 z 有关的函数。经试验数据按自然对数进行线性拟合（见图 4-9），则 C 的表达式为：

$$C = m_3 \ln z + n_3 \tag{4-58}$$

式中，m_3，n_3 是与土体结构、含水率、应力水平及应力历史等有关的回归系数。为确定这些回归系数，对 C 的线性拟合曲线的回归结果（见表 4-5）进行分析。

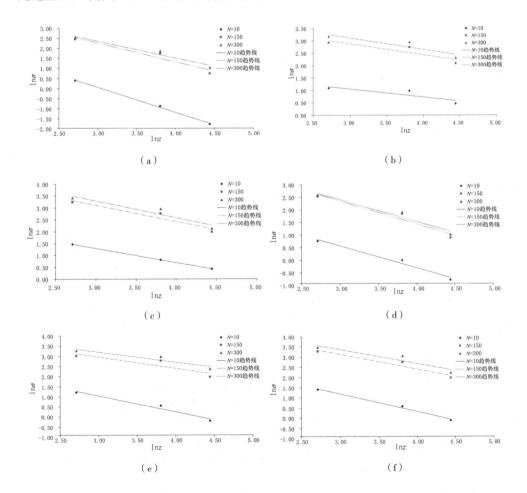

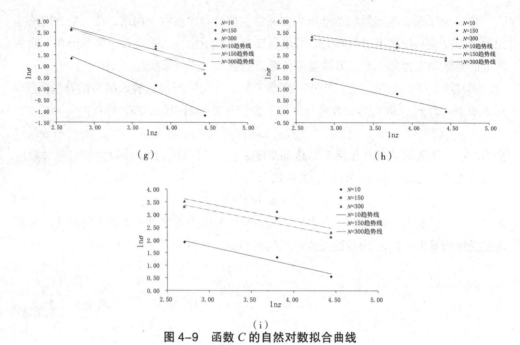

（g）　　　　　　　　　　　　　　　　（h）

（i）

图 4-9　函数 C 的自然对数拟合曲线

（a）v=2.4 m/s, P=22.0 kPa；　（b）v=2.4 m/s, P=39.4 kPa；　（c）v=2.4 m/s, P=57.0 kPa；

（d）v=3.0 m/s, P=22.0 kPa；　（e）v=3.0 m/s, P=39.4 kPa；　（f）v=3.0 m/s, P=57.0 kPa；

（g）v=4.0 m/s, P=22.0 kPa；　（h）v=4.0 m/s, P=39.4 kPa；　（i）v=4.0 m/s, P=57.0 kPa

表 4-5　函数 C 的自然对数拟合结果

速度 v /（m/s）	荷载 P /kPa	加载次数 N /次	拟合自然对数方程	R^2	回归系数			
					m_3	标准差	n_3	标准差
2.4	22.0	10	$\ln\sigma = -1.245\ln z + 3.794$	0.996	−1.245	0.285	3.794	1.105
		150	$\ln\sigma = -0.949\ln z + 5.107$	0.941	−0.949		5.107	
		300	$\ln\sigma = -0.843\ln z + 4.884$	0.952	−0.843		4.884	
2.4	39.4	10	$\ln\sigma = -0.33\ln z + 2.046$	0.76	−0.33	0.285	2.046	1.105
		150	$\ln\sigma = -0.446\ln z + 4.214$	0.798	−0.446		4.214	
		300	$\ln\sigma = -0.458\ln z + 4.49$	0.831	−0.458		4.49	
	57.0	10	$\ln\sigma = -0.601\ln z + 3.098$	1.00	−0.601		3.098	
		150	$\ln\sigma = -0.686\ln z + 5.161$	0.916	−0.686		5.161	
		300	$\ln\sigma = -0.709\ln z + 5.413$	0.905	−0.709		5.413	

（续　表）

速度 v / (m/s)	荷载 P /kPa	加载次数 N /次	拟合自然对数方程	R^2	回归系数			
					m_3	标准差	n_3	标准差
3.0	22.0	10	$\ln\sigma = -0.87\ln z + 3.173$	0.975	−0.87		3.173	
		150	$\ln\sigma = -0.91\ln z + 5.076$	0.942	−0.91		5.076	
		300	$\ln\sigma = -0.88\ln z + 5.045$	0.952	−0.88		5.045	
	39.4	10	$\ln\sigma = -0.794\ln z + 3.431$	0.965	−0.794		3.431	
		150	$\ln\sigma = -0.561\ln z + 4.64$	0.806	−0.561	0.15	4.64	0.835
		300	$\ln\sigma = -0.49\ln z + 4.658$	0.877	−0.49		4.658	
	57.0	10	$\ln\sigma = -0.857\ln z + 3.76$	0.991	−0.857		3.76	
		150	$\ln\sigma = -0.725\ln z + 5.304$	0.938	−0.725		5.304	
		300	$\ln\sigma = -0.68\ln z + 5.398$	0.895	−0.68		5.398	
4.0	22.0	10	$\ln\sigma = -1.417\ln z + 5.274$	0.966	−1.417		5.274	
		150	$\ln\sigma = -1.07\ln z + 5.573$	0.95	−1.07		5.573	
		300	$\ln\sigma = -0.912\ln z + 5.196$	0.964	−0.912		5.196	
	39.4	10	$\ln\sigma = -0.785\ln z + 3.594$	0.956	−0.785		3.594	
		150	$\ln\sigma = -0.487\ln z + 4.533$	0.90	−0.487	0.295	4.533	0.674
		300	$\ln\sigma = -0.498\ln z + 4.727$	0.867	−0.498		4.727	
	57.0	10	$\ln\sigma = -0.752\ln z + 4.01$	0.951	−0.752		4.01	
		150	$\ln\sigma = -0.657\ln z + 5.15$	0.914	−0.657		5.15	
		300	$\ln\sigma = -0.668\ln z + 5.425$	0.884	−0.668		5.425	

　　从表 4-5 中可以看出，拟合的函数 C 的自然对数曲线 R^2 的最大值为 1.0，最小值为 0.76，平均值为 0.918；m_3 最大值为 −0.33，最小值为 −1.417，平均值为 −0.751，标准差为 0.15 ～ 0.295；n_3 最大值为 5.573，最小值为 2.046，平均值为 4.525，标准差 0.674 ～ 1.105。可见拟合的函数 C 离散性较小，相关性大，显著性较强。

　　根据以上分析，函数 C 中的参数 m_3、n_3 分别取值为：$m_3=-0.753$，$n_3=4.525$。则

$$f(z) = \exp(C) = \exp(-0.753\ln z + 4.525) \tag{4-59}$$

4.8 交通荷载下主应力轴旋转时路基中任意点的有效动应力累积方程

定义随加载次数增多时累积的有效动应力为 σ'_{dsN}，综合式（4–51）和式（4–57）得到交通荷载下主应力轴旋转时路基中任意点的有效动应力累积方程为：

$$\sigma'_{\mathrm{dsN}} = \iint [f(P,N)\mathrm{d}\sigma']^{\frac{1}{4}}[f(z)]^{\frac{1}{2}}\mathrm{d}N\mathrm{d}z = \iint [f(P,N)(\mathrm{d}\sigma - \mathrm{d}u)]^{\frac{1}{4}}[f(z)]^{\frac{1}{2}}\mathrm{d}N\mathrm{d}z \qquad （4–60）$$

将式（4–49）、（4–56）、（4–59）分别代入式（4–60），得：

$$\sigma'_{\mathrm{dsN}} = \iint \left\{ \exp[\frac{(1.485\ln P - 2.462) + (0.587\ln N - 0.69)}{2}](\mathrm{d}\sigma - \mathrm{d}u) \right\}^{\frac{1}{4}} [\exp(-0.753\ln z + 4.525)]^{\frac{1}{2}}\mathrm{d}N\mathrm{d}z$$

$$= \iint \left\{ \exp[\frac{(1.485\ln P - 2.462) + (0.587\ln N - 0.69)}{2}][(\mathrm{d}\sigma_c + \mathrm{d}\sigma_{r1} + \mathrm{d}\sigma_{r2} + \mathrm{d}\sigma_{r3}) - \right.$$

$$\left. A'_\mathrm{h}\mathrm{d}\theta\sqrt{(2b^2 - 2b + 1)k^2 + 6(2q_1 + k\theta)^2} \right]^{\frac{1}{4}} [\exp(-0.753\ln z + 4.525)]^{\frac{1}{2}}\mathrm{d}N\mathrm{d}z$$

$$（4–61）$$

式中，P 为行车荷载强度，每一种车型对应一种荷载，相对于公路交通荷载可视为常量，按式（3–1）～（3–4）进行换算；N 为加载次数；z 为路基深度；孔隙水压力系数 $A'_\mathrm{h} = 0.43$；θ 为绕中主应力轴旋转的角度，$-\dfrac{\pi}{2} \leqslant \theta \leqslant \dfrac{\pi}{2}$；其余各符号意义同前。

式（4–61）即为交通荷载下主应力轴旋转时路基中任意点的有效动应力累积方程。

4.9 有效动应力累积方程的验证与实例分析

为了验证有效动应力累积方程的正确性与合理性，采用 VB 程序对式（4–61）编写相应的计算语言，进行数值计算，将数值计算结果与现场原型监测试验测试结果及模型模拟试验测试结果对比分析。其中，现场原型监测试验采用单次加载情况下的测试结果，模型模拟试验采用循环加载的测试结果，将两种情况下的试验测试结果分别与相同条件下按式（4–61）的数值计算的结果进行对比分析，验证所建立的有效动应力累积方程的正确性与合理性。

4.9.1　车辆单次加载情况

选取第 2 章 2.3 介绍的广东省太澳公路顺德碧江至中山沙溪段 K47+795 附近的现场原型监测试验数据进行分析，具体工程及试验详细情况见 2.3。因试验均为单次加载，所以加载次数 N 在式（4-61）的 VB 计算程序均取 1，并忽略行车速度的影响。

分别取 2.14 t、17.0 t 和 50.0 t 三种车重进行分析，取 5 个深度（0.5 m，2.0 m，3.5 m，4.0 m，5.5 m）所得的实测数据，并按标准轴载及经验换算式（3-4）换算各车重产生的动应力，简化为单轮加载方式，按式（4-61）用 VB 程序计算的数值与实测值进行对比（见表 4-6、图 4-10）。可以看出：实测值与计算值存在一定的误差，总体误差在 9% ~ 20% 之间，平均为 14%。

表 4-6　原型监测累积动应力实测值与计算值对比分析表（单轮加载）

车辆荷重	路基深度 /cm	实测值 /kPa	计算值 /kPa	误　差 /%
2.14 t （26.7 kPa）	50	12.2	10.1	17
	200	1.5	1.2	20
2.14 t （26.7 kPa）	350	0.8	0.7	13
	400	0.5	0.43	14
	550	0.3	0.27	10
17.0 t （46.8 kPa）	50	18.5	14.8	20
	200	5.8	4.9	16
	350	2.6	2.2	15
	400	1.9	1.7	11
	550	1.1	0.98	11
50.0 t （137.5 kPa）	50	72.7	59.3	18
	200	31.2	26.5	15
	350	11.5	10.1	12
	400	9.3	8.4	10
	550	4.2	3.8	9

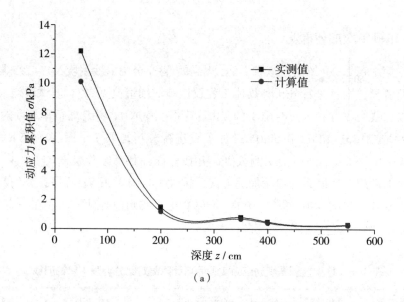

（a）

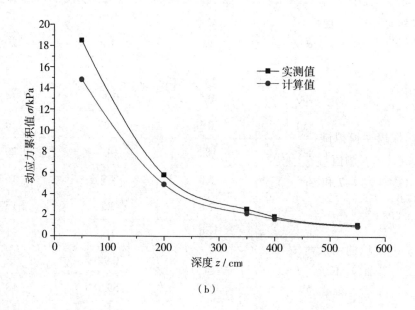

（b）

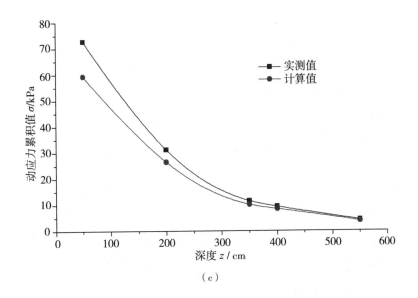

图 4-10　原型监测累积动应力实测值与计算值对比

（a）$P = 26.7$ kPa；　（b）$P = 46.8$ kPa；　（c）$P = 137.5$ kPa

4.9.2　车辆循环加载情况

选取模型模拟试验中车辆荷重 39.4 kPa、路基深度分别为 15.0 cm、45.0 cm 和 85.0 cm 处的实测值与式（4-61）的计算值进行对比。其中，加载次数 $N=300$，具体数据对比见表 4-7 和图 4-11。可以看出：模型试验的实测数据与计算值比较接近，误差在 12% ～ 14% 之间，平均为 12%，误差在可接受范围内。

综合 4.9.1 和 4.9.2 的分析，按动应力累积计算公式计算所得的累积值与实际路基土中累积的动应力值在路基浅层相差较大，随着深度的增加逐渐趋于一致；总体上两者相差不大，误差平均值约为 12%，在可接受范围内，说明式（4-61）是正确且比较合理和可行的，可将动应力累积方程计算的值近似作为实际路基土的动应力值。

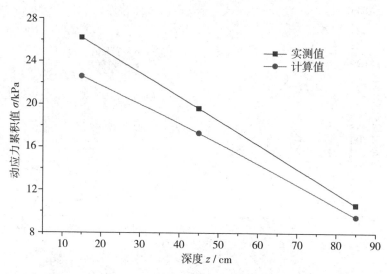

图 4-11　模型模拟试验累积动应力实测值与计算值对比

表 4-7　模型试验累积动应力实测值与计算值对比分析表（单轮加载）

车辆荷重	路基深度 /cm	实测值 /kPa	计算值 /kPa	误　差 /%
45 kg（39.4 kPa）	15	26.2	22.6	14
	45	19.6	17.3	12
	85	10.6	9.5	10

4.9.3　讨论

根据路基土实测动应力值与动应力累积方程的计算值的对比结果，总体上计算值偏小。这可能是由于动应力累积方程将荷载强度、路基深度以及加载次数的影响，用归一化线性拟合的参数表示，未考虑不同土的不同物理力学性质、应力历史及面层和车辆振动对土中动应力累积的影响，从而导致计算值偏小。

在实际道路工程中使用本书的模型时，应结合工程实际经验对公式进行修正，将模型的计算值乘以经验系数 K_s（根据本节实例分析结果的反算，K_s 的大小在 1.1 ～ 1.3 之间），将计算结果按经验系数修正后，可以应用于实际道路工程的动应力计算。

4.10　小结

本章主要研究土体处于"二维主应力轴旋转，三维应力幅值变化"的情况，基于广义塑性位势理论中应力增量的推导及改进的亨开尔孔压模型，考虑主应力轴旋转对土体动应力累积的影响，通过模型模拟试验数据的拟合及归一化处理，求解孔隙水压力系数及考虑循环加载次数、行车荷载、路基深度等的动应力累积方程。通过 VB 程序语言编制数值计算程序，将动应力累积方程计算所得的值与现场原型监测试验及模型模拟试验的实测值进行对比分析，证明了动应力累积方程的合理性和正确性。

第 5 章 基于安定理论的软土双屈服面等价粘塑性模型

5.1 引言

软土路基在我国东南沿海广泛分布，在交通往复荷载作用下，变形特性主要表现为瞬时回弹变形与不可恢复的塑性变形及永久变形。前者引起结构层的疲劳破坏，后者导致路面结构的破坏，影响车辆行驶质量。进行道路工程设计时，应当准确预测长期交通荷载作用下引起的路基永久沉降变形，以提出合理的道路结构设计形式，最大限度控制路基变形。目前，公路、铁路、机场跑道的损坏、变形一般归结于路基或基层材料在长期交通荷载作用下塑性变形的累积。交通荷载是一种动荷载，其大小随时间发生变化。对于交通荷载，其变化频率不高，作用时间相对较长，一般只考虑循环效应。为了准确预测道路、铁路等的使用年限，需要确切了解路基填土在长期往复荷载作用下的变形特性[212]。

由第 2 章和第 3 章模型模拟试验分析可知，随着循环加载次数的增多，塑性应变增长速率逐渐减小，但塑性变形持续发生。在一定动应力范围内，随着加载次数的增多，累积的塑性应变最终趋于定值，达到弹性安定状态或塑性安定状态。当荷载在给定范围内变化时，物体内部局部区域将发生有限的塑性变形，并形成一个残余应力场。在此之后无论荷载如何变化，结构始终在稳定的残余应力状态下表现出纯弹性性质。但当荷载超过一定范围之后，结构将因塑性变形的累积或塑性能量的不断耗散而破坏。

目前众多的适用于循环加载计算的本构模型，如边界面模型、套叠屈服面模型等，虽能很好地反映循环动荷载的特性，但由于需要准确模拟每一个循环加载过程，而且采用传统的小步长积分方法，造成计算时间过长，对于实际工程中大数目（如 10^6 次或以上）的循环加载计算显得无能为力。因此，有必要提出一种更为先进合理的本构模型，不仅能简单、准确地确定塑性累积变形与加载次数、动应力累积和动应力水平的关系，而且能够反映软黏土材料在循环动荷载加载过程中复杂的变形特性[185]。

在交通荷载作用下，路基土中某点在主应力轴旋转过程中，共轴应力增量 $d\sigma_c$ 和旋转应力增量 $d\sigma_r$ 均会产生压缩固结变形及剪切变形，路基软土中存在体积屈服和剪切屈服两种屈服状态，形成两个屈服面，且在两个屈服面之间存在安定行为。因此，本章基于主应力轴旋转时的广义塑性位势理论和安定理论，采用双屈服面理论及等价粘塑性理论的推导，根据拟合的屈服面函数及归一化分析，推导并建立交通荷载下主应力轴旋转时路基软土的双屈服面等价粘塑性本构模型。最后编制 VB 数值计算程序对塑性应变累积量进行计算，将计算结果与实际公路工后沉降观测结果进行对比分析，验证主应力轴旋转时路基软土双屈服面等价粘塑性本构模型的正确性和合理性。

5.2　土的双屈服面理论介绍

路基软土在交通荷载作用下，主应力轴不断旋转，主要发生压缩和剪切两种变形。在循环动荷载反复作用过程中，既有剪切屈服，又有体积屈服。此外，还有明显的剪胀（缩）现象，当前常用的单屈服面模型难以全面反映上述变形特性。因此，引入双屈服面来描述路基软土的压缩和剪切两种变形特性。

由于单屈服面存在的明显缺陷，因此必须引入第二类屈服面，用于反映塑性体积硬化规律，称为体积屈服面。目前已有不少适用于黏土或沙土的双屈服面模型提出，较早期的工作包括 Roscoe 和 Burland[170]、Prevost 和 Hoeg[231]、Lade 和 Duncan[232]、Lade[233]、Vermeer[234]、沈珠江[221] 以及殷宗泽[224,235]。后来，基于临界状态理论，Wang 等人[236]、Manzari 和 Dafalias[237]、Wan 和 Guo[238, 239]、Gajo 和 Wood[240]、Li[241] 等人又提出了很多新的双硬化模型。他们将屈服面分为由塑性剪应变确定的剪切屈服面和由塑性体应变确定的体积屈服面，其中剪切屈服面一般采用 Mohr-Coulomb 屈服准则，体积屈服面在 p-q 应力平面内可采用直线或曲线形式。

在土的双硬化（或称双屈服面）模型中与压缩有关的屈服面以 Vermeer[234] 所提出的形式最为简单，如图 5-1 所示，即 $f_2=p-p_c(\varepsilon_v^p)=0$。其中，Manzari，Wan，Suiker 等人均采用了这种形式。

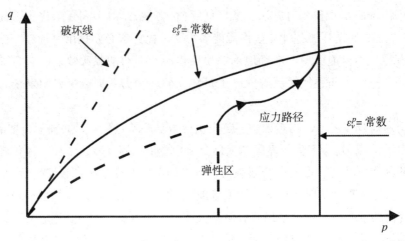

图 5-1　沙土的双硬化模型[234]

如取对应于第一个屈服面 f_1 的剪胀性表达式为[234]

$$D_1 = A(M_d - \eta) \tag{5-1}$$

则剪切过程中引起的塑性体积应变为[234]

$$\mathrm{d}\varepsilon_v^{p1} = D_1 \cdot \mathrm{d}\varepsilon_s^p \tag{5-2}$$

第二个屈服面 f_2 引起的塑性体积应变为 $\mathrm{d}\varepsilon_v^{p2}$，从而可得[234]

$$\mathrm{d}\varepsilon_v^p = \mathrm{d}\varepsilon_v^{p1} + \mathrm{d}\varepsilon_v^{p2} \tag{5-3}$$

第二个屈服面为塑性体应变的函数，包括压缩引起的塑性体应变及剪切引起的塑性体应变，因此耦合压缩屈服面及剪切屈服面的变化机理。该屈服面可用于正确反映绝大多数应力路径，其缺陷在于，当仅改变有效平均应力 p' 时，则该屈服面无法反映剪应变的产生，这时应用曲线形压缩屈服面替换。

5.3　交通荷载下路基软土塑性应变累积及黏滞特性等价分析

作用于路面结构上的车辆荷载会通过面层传递到基层和路基土中，引起路基土塑性应变的累积，其变化规律如图 4-5 所示。其中某一点的竖向沉降 δ 为时间 $t=NT$ 的函数，N 为施加的轴载的次数，T 为相邻两次加载的时间间隔。总变形可被分解为 $\delta(t) = \delta^e(t) + \delta^p(t)$，该式的第一部分为弹性变形，为可恢复变形；第二部分为累积塑性变形，随着时间逐渐增加。一段时间（$t \in [NT, (N+1)T]$）的累积沉降增量相对于弹性变形的最大值而言相当微小，即[230]：

$$\delta^p((N+1)T) - \delta^p(NT) << Max\{\delta^e(t), t \in [NT, (N+1)T]\} \quad （5-4）$$

但经过较多次数的循环加载后，塑性累积变形总量将达到甚至超过弹性变形的最大值。

路基土在承受长期的交通动荷载作用时，由于颗粒或土的结构之间的错动和滑移，会造成土的密实度逐渐提高。对于无黏性土，表现出显著的循环硬化特征。对于黏性土，则呈现出显著的软化特征[185]。通常情况下，对于单调加载或比例加载情况，硬化特性可由塑性功或累积塑性应变来表示，本书采用累积塑性应变作为参考变量。

如果弹性区的初始边界是各向同性的，则屈服函数为[185]：

$$f(\overline{\sigma}, \overline{\varepsilon}^p) = \overline{\sigma} - H(\overline{\varepsilon}^p) \quad （5-5）$$

式中，$H(\overline{\varepsilon}^p)$ 为与塑性应变有关的屈服应力，可由塑性应变的硬化规律来反映；$\overline{\sigma}$ 为有效应力不变量（这里的"有效"并不是指饱和土中的有效应力），$\overline{\varepsilon}^p$ 为有效塑性应变不变量。

当屈服函数为 0 时，塑性应变率（$\dot{\varepsilon}^p$）开始发展，即[185]

$$f(\overline{\sigma}, \overline{\varepsilon}^p) = \overline{\sigma} - H(\overline{\varepsilon}^p) = 0 \quad （5-6）$$

上式表明，当有效应力 $\overline{\sigma}$ 等于屈服应力 $H(\overline{\varepsilon}^p)$ 时即发生屈服。

塑性应变率 $\dot{\varepsilon}^p$ 可表示为：

$$\dot{\varepsilon}^p = \dot{\lambda} \frac{\partial g}{\partial \sigma} \quad （5-7）$$

采用相关联流动法则 $g = f$ 且 $\dot{\varepsilon}^p = \dot{\lambda} \frac{\partial g}{\partial \overline{\sigma}}$，则有：

$$\dot{\lambda} = \dot{\overline{\varepsilon}}^p \quad （5-8）$$

$$\dot{\varepsilon}^p = \dot{\overline{\varepsilon}}^p \frac{\partial g}{\partial \sigma} \quad （5-9）$$

由式（5-6），可得：

$$H(\overline{\varepsilon}^p) = \overline{\sigma} \quad （5-10）$$

或

$$\overline{\varepsilon}^p = H_*(\overline{\sigma}) \quad （5-11）$$

由式（5-11），对时间进行求导，则可得到有效塑性应变率表达式为[185]：

$$\dot{\overline{\varepsilon}}^p = H_*'(\overline{\sigma})\dot{\overline{\sigma}} \quad （5-12）$$

式中，$H_*'(\overline{\sigma}) = \mathrm{d}H_*(\overline{\sigma})/\mathrm{d}\overline{\sigma}$。对式（5-12）进行积分，则可得到时间 $[t, t+\Delta t]$ 内的有效塑性应变增量$\Delta\overline{\varepsilon}^p$，即[185]：

$$\Delta \bar{\varepsilon}^p = \int_t^{t+\Delta t} \dot{\bar{\varepsilon}}^p \mathrm{d}\tau = \int_t^{t+\Delta t} H'_*(\bar{\sigma})\dot{\bar{\sigma}}\mathrm{d}\tau \tag{5-13}$$

由于交通荷载引起的动应力水平较低，一般无须考虑材料的动力特性，加载过程中相关的时间参数为加载次数，而非实际的物理时间。由于循环加载过程中每次加载产生的塑性应变很小，因此可假定安定应力在一定加载次数（ΔN）内保持常数，则可得此加载次数内的塑性应变增量为 $\Delta \bar{\varepsilon}^p_{\Delta N} = \Delta N \Delta \bar{\varepsilon}^p$（见图5-2）。

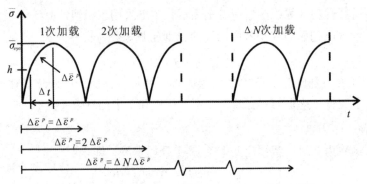

图5-2 循环过程中累积塑性应变的产生机理[185]

图5-2表示均匀循环加载情况，式（5-13）的积分形式可改造为：

$$\Delta \bar{\varepsilon}^p = \int_h^{\bar{\sigma}_{\mathrm{cyc}}} H'_*(\bar{\sigma})\mathrm{d}\tau \tag{5-14}$$

式中，$\bar{\sigma}_{\mathrm{cyc}}$ 是循环加载的应力峰值；h 为安定性应力，即低于 h 则无塑性变形产生。将 $\Delta \bar{\varepsilon}^p_{\Delta N} = \Delta N \Delta \bar{\varepsilon}^p$ 代入式（5-14）可得[185]：

$$\frac{\Delta \bar{\varepsilon}^p_{\Delta N}}{\Delta N} = H_*(\bar{\sigma}_{\mathrm{cyc}}) - H_*(h) \tag{5-15}$$

如前所述，随着加载次数的增多，循环过程中塑性应变逐渐发生累积，安定应力水平也会随之逐渐提高。将式（5-15）对 N 取极限，并以 $h(\bar{\varepsilon}^p)$ 代替 h，则[185]：

$$\frac{\mathrm{d}\bar{\varepsilon}^p}{\mathrm{d}N} = H_*(\bar{\sigma}_{\mathrm{cyc}}) - H_*(h(\bar{\varepsilon}^p)) \tag{5-16}$$

当动应力水平超过安定应力水平时，即当 $H_*(\bar{\sigma}_{\mathrm{cyc}}) - H_*(h(\bar{\varepsilon}^p))$ 大于0时，则将产生塑性应变。为了考虑这种关系，可将式（5-16）改造为[185]：

$$\frac{\mathrm{d}\bar{\varepsilon}^p}{\mathrm{d}N} = <H_*(\bar{\sigma}_{\mathrm{cyc}}) - H_*(h(\bar{\varepsilon}^p))> \tag{5-17}$$

式中，$<>$ 为麦考利括号，它表示：

$$< H_*(\overline{\sigma}_{\mathrm{cyc}}) - H_*(h(\overline{\varepsilon}^p)) >= \begin{cases} H_*(\overline{\sigma}_{\mathrm{cyc}}) - H_*(h(\overline{\varepsilon}^p)), & if \quad H_*(\overline{\sigma}_{\mathrm{cyc}}) - H_*(h(\overline{\varepsilon}^p)) \geqslant 0 \\ 0, & if \quad H_*(\overline{\sigma}_{\mathrm{cyc}}) - H_*(h(\overline{\varepsilon}^p)) < 0 \end{cases}$$

（5-18）

塑性应变增量张量可由流动法则确定，即[185]：

$$\frac{\mathrm{d}\varepsilon^p}{\mathrm{d}N} = \frac{\mathrm{d}\lambda}{\mathrm{d}N}\frac{\partial g}{\partial \sigma} = \frac{\mathrm{d}\overline{\varepsilon}^p}{\mathrm{d}N}\frac{\partial g}{\partial \sigma}$$

（5-19）

尽管每次循环的塑性应变增量是由 $H_*(\overline{\sigma}_{\mathrm{cyc}}) - H_*(h(\overline{\varepsilon}^p))$ 确定的，但可统一改造为[185]：

$$\frac{\mathrm{d}\overline{\varepsilon}^p}{\mathrm{d}N} = < H(\overline{\sigma}_{\mathrm{cyc}}) - h(\overline{\varepsilon}^p) >$$

（5-20）

式（5-20）反映了交通荷载下路基软土的塑性应变随车辆加载次数的累积特性及黏滞特性，形式类似于著名的 Perzyna[242] 粘塑性模型。在 Perzyna 模型中，函数 $H(\overline{\sigma}_{\mathrm{cyc}}) - h(\overline{\varepsilon}^p)$ 为过应力函数。因此，将式（5-20）称为交通荷载作用下路基软土的等价粘塑性模型。

5.4　Suiker 等价粘塑性模型介绍

Suiker 采用双屈服面模型理论，借助安定性理论，建立了过应力函数表达式，用于描述循环加载过程中塑性应变增量的变化规律，提出了基于经典弹塑性理论框架的等价粘塑性模型。Suiker 将无黏性材料的塑性变形机理分解为摩擦滑动及纯体积压缩，其硬化参数分别对应于塑性偏应变（ ε_s^p ）及有效平均应力 p 引起的塑性体应变（ ε_c^p ）[180]。

5.4.1　屈服函数的定义

由于纯压缩体积应变由有效平均应力 p 控制，而偏应变的产生则主要由应力比 $\eta(=q/p)$ 控制。因此，剪切屈服及体积屈服函数可分别表示为[180]：

$$f_s(q, p, \varepsilon_s^p) = (q/p)_{\mathrm{cyc}} - h_s(\varepsilon_s^p) = 0$$

（5-21）

$$f_c(q, p, \varepsilon_{v,c}^p) = (q/p_{c0})_{\mathrm{cyc}} - h_c(\varepsilon_c^p) = 0$$

（5-22）

式中，$(q/p)_{\mathrm{cyc}}$ 为循环加载过程中的应力比，p_{c0} 为初始平均有效应力，h_s，h_c 分别为剪切屈服与纯压缩屈服函数。式（5-21）、式（5-22）表明，在主应力空间中，摩擦屈服面可由 Drucker-Prager 模型来描述，纯体积压缩屈服面则采用 Vermeer[243] 提出的屈服面形式来反映（见图 5-3）。

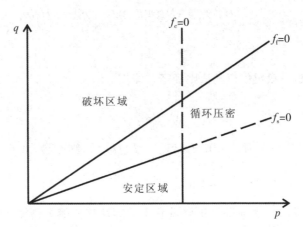

图 5-3　循环过程中材料的不同变形特征[180]

该模型中，归一化动应力比 n 的定义方式为[180]：

$$n = \frac{(q/p)_{\text{cyc}}}{M_p} \tag{5-23}$$

式中，M_p 为破坏应力比，由三轴剪切试验确定。

5.4.2　塑性应变增量表达式

参考式（5-20），并依据试验结果，假定累积塑性应变率的变化规律符合幂函数变化形式，可得[180]：

$$\frac{\mathrm{d}\varepsilon_s^p}{\mathrm{d}N} = \alpha_s < (q/p)_{\text{cyc}} - h_s(\varepsilon_s^p) > \gamma_s \tag{5-24}$$

$$\frac{\mathrm{d}\varepsilon_c^p}{\mathrm{d}N} = \alpha_c < (q/p_{c0})_{\text{cyc}} - h_c(\varepsilon_c^p) > \gamma_c \tag{5-25}$$

式中，α_s、α_c、γ_s、γ_c 为模型参数；$(q/p)_{\text{cyc}}$ 为循环加载过程中峰值状态应力比。材料屈服函数 $h_s(\varepsilon_s^p)$ 及 $h_c(\varepsilon_c^p)$ 的表达式为[180]：

$$h_s(\varepsilon_s^p) = h_0 + (h_m - h_0)(1 - \exp(-\eta_s(\varepsilon_s^p - \varepsilon_{s,0}^p))) \tag{5-26}$$

$$h_c(\varepsilon_c^p) = 1 + \eta_c(\varepsilon_c^p - \varepsilon_{c,0}^p) \tag{5-27}$$

式中，$\varepsilon_{s,0}^p$ 与 $\varepsilon_{c,0}^p$ 表示初始塑性应变，$(\varepsilon_s^p - \varepsilon_{s,0}^p)$、$(\varepsilon_c^p - \varepsilon_{c,0}^p)$ 仅代表了循环过程中的塑性应变，h_0，h_m，η_s，η_c 为模型参数。

5.4.3　塑性势函数

对于摩擦滑动，塑性势函数的格式类似于屈服函数，即为 Drucker-Prager 形式

$$g_s(q, p, \varepsilon_s^p) = q - D_s(\varepsilon_s^p)p \qquad (5\text{-}28)$$

其中，$D_s(\varepsilon_s^p)$ 代表了由于剪切变形而引起的体积压缩或膨胀，即 [180]：

$$D_s(\varepsilon_s^p) = d_0 + (d_m - d_0)(1 - \exp(-\zeta_s(\varepsilon_s^p - \varepsilon_{s,0}^p))) \qquad (5\text{-}29)$$

根据塑性流动理论，某一方向的塑性应变率可由下式表示 [180]

$$\frac{d\varepsilon^p}{dN} = \frac{d\lambda_s}{dN}\frac{\partial g_s}{\partial \sigma} + \frac{d\lambda_c}{dN}\frac{\partial g_c}{\partial \sigma} \qquad (5\text{-}30)$$

式中，$d\lambda_s$、$d\lambda_c$ 分别为塑性偏应变乘子和纯压缩塑性体应变乘子。因此，可得 [180]：

$$\frac{\partial g_s}{\partial p} = D_s, \frac{\partial g_s}{\partial q} = 1, \frac{\partial g_c}{\partial p} = 1, \frac{\partial g_c}{\partial q} = 0 \qquad (5\text{-}31)$$

所以

$$d\varepsilon_c^p = d\lambda_c \frac{\partial g_c}{\partial p} = d\lambda_c \qquad (5\text{-}32)$$

$$d\varepsilon_s^p = d\lambda_c \frac{\partial g_c}{\partial q} + d\lambda_s \frac{\partial g_s}{\partial q} = d\lambda_s \qquad (5\text{-}33)$$

由此可将塑性应变增量分解为 [180]：

$$\frac{d\varepsilon^p}{dN} = \frac{d\varepsilon_s^p}{dN}\frac{\partial g_s}{\partial \sigma} + \frac{d\varepsilon_c^p}{dN}\frac{\partial g_c}{\partial \sigma} \qquad (5\text{-}34)$$

则塑性体应变增量为 [180]：

$$\frac{d\varepsilon_v^p}{dN} = \frac{d\lambda_s}{dN}\frac{\partial g_s}{\partial p} + \frac{d\lambda_c}{dN}\frac{\partial g_c}{\partial p} = \frac{d\varepsilon_s^p}{dN}\cdot d_s + \frac{d\varepsilon_c^p}{dN} \qquad (5\text{-}35)$$

5.4.4　弹塑性应力应变关系

由基本弹塑性理论，知

$$\dot{\sigma} = D^e \dot{\varepsilon}^e = D^e(\dot{\varepsilon} - \dot{\varepsilon}_p) \qquad (5\text{-}36)$$

式中，D^e 是四阶各向同性弹性系数张量，又称弹性刚度张量。其张量表达式为：

$$D_{ijkl}^e = (K - \frac{2}{3}G)\delta_{ij}\delta_{kl} + G(\delta_{ik}\delta_{jl} + \delta_{il}\delta_{jk}) \qquad (5\text{-}37)$$

式中，K 和 G 分别为体积模量和剪切模量，二者关系为：

$$G = \frac{3(1-2\nu)}{2(1+\nu)}K \qquad (5-38)$$

其中与围压有关的体积模量 $K = K(p)$ [180]，

$$K(p) = K_{\text{ref}} (\frac{p}{p_{\text{ref}}})^{1-n^e} \quad (p<0) \qquad (5-39)$$

式中，K_{ref} 为参考体积模量，p_{ref} 是参考应力，n^e 为模型参数。

5.4.5 模型评价

Suiker 等价粘塑性模型在计算和预测路面结构中的道渣材料的累积变形中，取得了很好的效果。模拟结果表明，模型计算效率很高，适用于长期循环加载的有限元计算。但同时，该模型还存在一定的问题，主要表现在 [185]：

（1）剪切硬化及体积硬化函数表达式由试验数据拟合得到，因此，参数的物理意义不明确，难以准确确定；同时，体积硬化函数仅包含纯压缩塑性体积应变，而未能反映剪胀性对体应变的影响。

（2）模型虽然给出了剪胀性表达式，但在实际计算时并未考虑 D_s 的变化。

（3）未考虑不同初始密实度对材料累积塑性应变的影响。

因此，若将该模型推广应用于黏土等材料的累积塑性变形分析，需要引入更为合理的硬化定律，并考虑主应力轴旋转的影响，对模型理论框架进行改进，提出更为严谨的循环动本构模型，以计算和预测交通荷载作用下路基软土中累积的塑性应变量或永久变形量。

5.5 交通荷载下基于安定理论的软土双屈服面等价粘塑性模型

5.5.1 概述

由第四章的分析可知，在交通荷载作用下，路基土中某点的主应力轴是不断旋转的。在主应力轴旋转过程中，应力增量分为共轴应力增量 $d\sigma_c$ 和旋转应力增量 $d\sigma_r$ 两部分，而这两部分应力增量均会引起相应的压缩固结变形和剪切变形。这反映了在循环动荷载加载过程中，软土中存在体积屈服和剪切屈服两个屈服面，且在两个屈服面之间存在安定行为。因此，本章基于主应力轴旋转时的广义塑性位势理论和安定理论，并借助双屈服面理论及等价粘塑性理论的推导，采用拟合的屈服面函数，建立交通荷载下主应力轴旋转时路基软土的双屈服面等价粘塑性本构模型。

5.5.2　屈服函数的定义

本书模型中，假定屈服过程由剪切变形及压缩变形两种变形机理共同确定，因此，包括剪切屈服和体积屈服两种不同的屈服面方程，如图 5-4 所示。对于本书采用的两个屈服面方程，由常规三轴试验曲线拟合而得到。

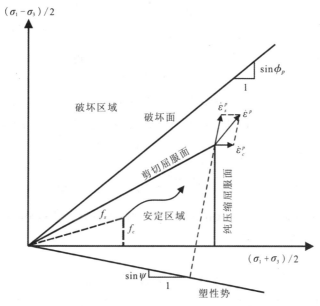

图 5-4　本构模型中的双屈服面（修改自 Wan 和 Guo[238]）

对于剪切屈服面，通过本次试验所用软黏土的常规三轴试验数据，在 $p\text{-}q$ 平面内作出剪切屈服面 $\bar{\gamma}^p$ 面，采用双曲线型进行拟合[219]，其方程为：

$$f_s = q - \frac{p}{a_1 + b_1 p} = 0 \tag{5-40}$$

式中，a_1、b_1 为试验参数，与土的物性、结构性等有关。将方程（5-40）转换为：

$$a_1 + b_1 p = \frac{p}{q}$$

针对不同的 $\bar{\gamma}^p$ 值，可以拟合出不同的 a_1、b_1 值（见表 5-1）。

表 5-1 a_1、b_1 与 γ_q^p 的关系

γ_q^p	a_1	b_1	γ_q^p	a_1	b_1
1	1.425	−0.000 508	5	1.036	0.000 148
2	1.357	−0.000 45	6	0.958	0.000 135
3	1.239	−0.000 105	7	0.932	0.000 342
4	1.127	0.000 162	8	0.908	0.000 526

由表 5-1 可以看出，a_1、b_1 值与 $\bar{\gamma}^p$ 有关，通过拟合可以得出：

$$a_1 = -0.08\bar{\gamma}^p + 1.5$$

$$b_1 = 1 \times 10^{-4}\bar{\gamma}^p - 0.0006$$

对于软黏土中压缩型体积屈服函数 f_c，通过试验数据，在 p-q 平面内作出体积屈服面等 ε_v^p 面，采用椭圆形曲线进行拟合[219]，其方程为：

$$f_c = 1 - \frac{p^2}{a_2^{\ 2}} - \frac{q^2}{b_2^{\ 2}} = 0 \tag{5-41}$$

式中，$a_2^{\ 2}$，$b_2^{\ 2}$ 为试验参数，与土的物性、结构性等有关。针对不同的 ε_v^p 值，可以拟合出不同的 $a_2^{\ 2}$，$b_2^{\ 2}$ 值（见表 5-2）。从 $a_2^{\ 2}$，$b_2^{\ 2}$ 值中可以拟合出 $a_2^{\ 2}$，$b_2^{\ 2}$ 值与 ε_v^p 的关系。

表 5-2 $a_2^{\ 2}$、$b_2^{\ 2}$ 与 ε_v^p 的关系

ε_v^p	$a_2^{\ 2}$（×104）	$b_2^{\ 2}$（×104）	ε_v^p	$a_2^{\ 2}$（×104）	$b_2^{\ 2}$（×104）
0.5	2.0	0.58	2.5	6.8	3.2
1.0	3.5	1.2	3	7.75	4.1
1.8	4.4	1.85	3.5	8.6	4.9
2.0	5.2	2.13	4	9.3	5.7

由表 5-2 可以看出，$a_2^{\ 2}$，$b_2^{\ 2}$ 值随 ε_v^p 的增大而增大。通过线性拟合得出如下关系式

$$a_2^{\ 2} = 2.1 \times 10^4 \varepsilon_v^p + 1.1$$

$$b_2^{\ 2} = 1.5 \times 10^4 \varepsilon_v^p - 0.5$$

根据第 3 章试验分析，针对不同动应力水平，由安定理论，可将路基土的不同变形特征分为 4 种类型（见图 5-4）：

（1）若动应力水平很低（$f_s < 0$ 且 $f_c < 0$），无塑性变形产生，材料变形始终处于弹性变形区域，此时土体只有完全弹性变形产生，不管加载次数是多少，土体都处于稳定状态。

（2）若动应力水平超过初始屈服应力水平，但仍保持较低的水平，将产生累积塑性应变，但随着加载次数的增多，塑性区域逐渐扩大，最终达到安定状态，此时，土体处于弹性安定状态或塑性安定状态。

（3）动应力水平较大，土体始终处于塑性变形状态，此时，发生塑性潜变安定行为，最终因累积的塑性变形过大而达到塑性破坏。

（4）动应力水平很高，短时间内即发生破坏，土体处于增量崩溃状态。

5.5.3　塑性应变增量表达式

1.多重屈服面的硬化规律

多重屈服面（包含双重屈服面）的硬化规律，是多重屈服面中某一屈服面视为某一硬化参量 H_α 的等值面[219]。

$$\begin{cases} \phi_k = F_k(\sigma_{ij}) - H_k(H_{k\alpha}) = 0 \\ F_k(\sigma_{ij}) = H_k(H_{k\alpha}) \end{cases} \quad k=1,2,3 \quad （5-42）$$

引用传统塑性力学中的硬化定律，相应的硬化模量 A_k 为[219]：

$$A_k = -\frac{\partial \phi_k}{\partial H_{\alpha k}} \frac{\partial H_{\alpha k}}{\partial \varepsilon_{ij}^p} \frac{\partial Q_k}{\partial \sigma_{ij}} \quad （5-43）$$

应根据不同屈服面来选取相应的硬化参量 H_α，表 5-3 列出不同硬化参量的硬化定律。由表 5-3 可见，多重屈服面（含双屈服面）均属于特殊情况，此时硬化模量 A_k 均为 1。而 $A_k=1$ 表明在广义塑性力学中是不必引入硬化定律假设的，因而可以自然导出塑性应变增量与应力增量关系式[219]。

2.塑性应变增量表达式

由以上分析可知，在广义塑性力学中可以直接推导塑性应变增量与应力增量之间的关系式而不必引入硬化定律假设。参考式（5-20）及式（5-24）、式（5-25），并依据模型模拟试验结果，假定累积塑性应变率的变化规律符合幂函数变形形式，可得

表 5-3　$a_2{}^2$、$b_2{}^2$ 与 ε_v^p 的关系

$H_{\alpha k}$	A_k（一般情况）	A_k（特殊情况）
塑性功 W_p	$-\dfrac{\partial \phi}{\partial W^p}\sigma_{ij}\dfrac{\partial Q}{\partial \sigma_{ij}}$	
塑性应变 ε_{ij}^p	$-\dfrac{\partial \phi}{\partial \varepsilon_{ij}^p}\dfrac{\partial Q}{\partial \sigma_{ij}}$	
塑性主应变 ε_i^p	$-\dfrac{\partial \phi}{\partial \varepsilon_i^p}\dfrac{\partial Q}{\partial \sigma_i}$	1；当 $\phi_k=-\varepsilon_i^p,Q_k=\sigma_i$ 时
塑性体应变 ε_v^p	$-\dfrac{\partial \phi}{\partial \varepsilon_v^p}\dfrac{\partial Q}{\partial p}$	1；当 $\phi=-\varepsilon_v^p,Q=p$ 时
q 方向塑性剪应变 $\bar{\gamma}_q^p$	$-\dfrac{\partial \phi}{\partial \bar{\gamma}_q^p}\dfrac{\partial Q}{\partial q}$	1；当 $\phi=-\bar{\gamma}_q^p,Q=q$ 时
θ_σ 方向塑性剪应变 $\bar{\gamma}_\theta^p$	$-\dfrac{\partial \phi}{\partial \bar{\gamma}_\theta^p}\dfrac{\partial Q}{\partial \theta_\sigma}$	1；当时

$$\frac{\mathrm{d}\varepsilon_s^p}{\mathrm{d}N}=\alpha_s<(q/p)_{\mathrm{cyc}}-(q-\frac{p}{a_1+b_1 p})g(\theta)>\gamma_s \qquad (5-44)$$

$$\frac{\mathrm{d}\varepsilon_c^p}{\mathrm{d}N}=\alpha_c<(q/p)_{\mathrm{cyc}}-(1-\frac{p^2}{a_2{}^2}-\frac{q^2}{b_2{}^2})g(\theta)>\gamma_c \qquad (5-45)$$

式中，α_s，α_c，γ_s，γ_c 为模型参数；$(q/p)_{\mathrm{cyc}}$ 为循环加载过程中峰值状态应力比。a_1，b_1，$a_2{}^2$，$b_2{}^2$ 为试验拟合参数，与土的物性、应力历史、交通荷载条件、土的结构性等有关；其中

$$a_1=-0.08\bar{\gamma}^p+1.5$$

$$b_1=1\times10^{-4}\bar{\gamma}^p-0.0006$$

$$a_2{}^2=2.1\times10^4\varepsilon_v^p+1.1$$

$$b_2{}^2=1.5\times10^4\varepsilon_v^p-0.5$$

$$g(\theta)=\frac{3-\sin\phi}{(3-\sin\phi)+\sqrt{2}\sin\phi\sqrt{1-\sin3\theta}}\quad（\varphi\text{ 为有效内摩擦角}）$$

5.5.4　塑性势函数表达式

由第 4 章分析可知，在主应力轴旋转的情况下，应力增量可分解为共轴应力增量

和旋转应力增量两部分，而这两部分应力增量均会引起塑性变形，因而塑性应变增量 $\mathrm{d}\varepsilon^p$ 为

$$\mathrm{d}\varepsilon^p = \mathrm{d}\varepsilon_c^p + \mathrm{d}\varepsilon_r^p = \mathrm{d}\varepsilon_c^p + \mathrm{d}\varepsilon_{r1}^p + \mathrm{d}\varepsilon_{r2}^p + \mathrm{d}\varepsilon_{r3}^p \tag{5-46}$$

其中，共轴塑性应变增量的求解公式采用杨光华推导的不考虑主应力轴旋转时的广义塑性流动法则，为[220]：

$$\mathrm{d}\varepsilon_{ijc}^p = \sum_{k=1}^{3} \mathrm{d}\lambda_k \frac{\partial Q_k}{\partial \sigma_{ij}} \tag{5-47}$$

在主应力和主应变空间中，旋转应力增量 $\mathrm{d}\sigma_r$ 引起 6 个应变方向的塑性应变，引入 6 个任意塑性势函数，保持势函数的线性无关，则考虑旋转应力增量的广义流动法则可写成[219]：

$$\mathrm{d}\varepsilon_{ijr}^p = \sum_{k=1}^{6} \mathrm{d}\lambda_{kr} \frac{\partial Q_{kr}}{\partial \sigma_{ij}} \tag{5-48}$$

则含主应力轴旋转的塑性势函数表达式为[219]：

$$\frac{\mathrm{d}\varepsilon_{ij}^p}{\mathrm{d}N} = \frac{\sum_{k=1}^{3} \mathrm{d}\lambda_k \frac{\partial Q_k}{\partial \sigma_{ij}}}{\mathrm{d}N} + \frac{\sum_{k=1}^{6} \mathrm{d}\lambda_{kr} \frac{\partial Q_{kr}}{\partial \sigma_{ij}}}{\mathrm{d}N} \tag{5-49}$$

5.5.5　弹性常数及弹塑性应力应变增量模型

1. 弹性常数

对于本书的软土，泊松比 ν 按经验值取为 0.3。由于弹性变形所占比重很小，取 ν 为常量对总的变形不会引起多大误差。

弹性剪切模量 G 可由弹性模量 E 和泊松比 ν 求得。而弹性模量 E，根据 Duncan 等人研究的结果，约为（1.2～3.0）E_i。E_i 为初始切线模量，可由下式确定：

$$E_i = K p_a (\frac{p}{p_a})^n$$

式中，p_a 为大气压力（=101 kPa）。

近似地取弹性模量 $E=2.0E_i$，则剪切模量为：

$$G = \frac{E}{2(1+\nu)} = \frac{1}{1.3} K p_a (\frac{p}{p_a})^n$$

式中参数 K 和 n 的意义与确定方法同 Duncan 双曲线模型。

2. 塑性应力应变增量关系

在塑性应变增量表达式中，材料的硬化规律决定了安定的变化规律。为了合理定

义塑性应变增量表达式，借助广义塑性位势理论中的完全应力增量表达式，引入包含 $\mathrm{d}q$ 及应力 Lode 角增量 $\mathrm{d}\theta_\sigma$ 与主轴旋转分量 $\mathrm{d}\theta$（θ 为主应力轴旋转角）或 $\mathrm{d}\tau$ 的剪应力增量表达式[219]：

$$
\begin{cases}
\dfrac{\mathrm{d}\varepsilon_v^{p\,'}}{\mathrm{d}N} = \dfrac{A\mathrm{d}p' + B\mathrm{d}q'}{\mathrm{d}N} \\[3mm]
\dfrac{\mathrm{d}\gamma_q^{p\,'}}{\mathrm{d}N} = \dfrac{C\mathrm{d}p' + D\mathrm{d}q'}{\mathrm{d}N}
\end{cases}
\tag{5-50}
$$

式中，$\mathrm{d}q'$ 不仅含有 $\mathrm{d}q$，还含有 $\mathrm{d}\theta_\sigma$ 与主轴旋转分量 $\mathrm{d}\theta$（θ 为主应力轴旋转角）或 $\mathrm{d}\tau$，而成为完全的应力增量表达式。其中，应变不变量增量与应力不变量增量为[219]：

$$
\begin{cases}
\mathrm{d}\varepsilon_v^{p\,'} = \mathrm{d}\varepsilon_{11}^p + \mathrm{d}\varepsilon_{22}^p + \mathrm{d}\varepsilon_{33}^p \\[3mm]
\mathrm{d}\gamma_q^{p\,'} = \dfrac{\sqrt{2}}{3}[(\mathrm{d}\varepsilon_{11}^p - \mathrm{d}\varepsilon_{22}^p)^2 + (\mathrm{d}\varepsilon_{22}^p - \mathrm{d}\varepsilon_{33}^p)^2 + (\mathrm{d}\varepsilon_{11}^p - \mathrm{d}\varepsilon_{33}^p)^2 + \dfrac{3}{2}(\mathrm{d}\varepsilon_{12}^{p\,2} + \mathrm{d}\varepsilon_{13}^{p\,2} + \mathrm{d}\varepsilon_{23}^{p\,2})]^{\frac{1}{2}} \\[3mm]
\quad = \dfrac{\sqrt{2}}{3}\sqrt{3(\mathrm{d}\varepsilon_{11}^{p\,2} + \mathrm{d}\varepsilon_{22}^{p\,2} + \mathrm{d}\varepsilon_{33}^{p\,2}) - \mathrm{d}\varepsilon_v^{p\,2} + \dfrac{3}{2}(\mathrm{d}\varepsilon_{12}^{p\,2} + \mathrm{d}\varepsilon_{13}^{p\,2} + \mathrm{d}\varepsilon_{23}^{p\,2})}
\end{cases}
\tag{5-51}
$$

$$
\begin{cases}
\mathrm{d}p' = \dfrac{1}{3}(\mathrm{d}\sigma_1 + \mathrm{d}\sigma_2 + \mathrm{d}\sigma_3) \\[3mm]
\mathrm{d}q' = \dfrac{1}{\sqrt{2}}[(\mathrm{d}\sigma_1 - \mathrm{d}\sigma_2)^2 + (\mathrm{d}\sigma_2 - \mathrm{d}\sigma_3)^2 + (\mathrm{d}\sigma_1 - \mathrm{d}\sigma_3)^2 + 6(\mathrm{d}\tau_{12}^2 + \mathrm{d}\tau_{13}^2 + \mathrm{d}\tau_{23}^2)]^{\frac{1}{2}}
\end{cases}
\tag{5-52}
$$

根据主应力空间中三主应力值 σ_1、σ_2、σ_3 与 p、q、θ_σ 关系，对于第 4 章 "二维主应力轴旋转，三维主应力幅值变化" 的情况，$\mathrm{d}\theta_1 = \mathrm{d}\theta_3 = 0$，$\mathrm{d}\theta_2 = \mathrm{d}\theta$（即 $\mathrm{d}\sigma_{r1} = \mathrm{d}\sigma_{r3} = \mathrm{d}\sigma_c = 0$），则：

$$
\begin{cases}
\mathrm{d}p' = 0 \\[2mm]
\mathrm{d}q' = \sqrt{3}\,|\sigma_2 - \sigma_3|\,|\mathrm{d}\theta_2|
\end{cases}
\tag{5-53}
$$

由此引起的塑性变形为：

$$
\begin{cases}
\dfrac{\mathrm{d}\varepsilon_v^{p\,'}}{\mathrm{d}N} = \dfrac{B\sqrt{3}\,|\sigma_2 - \sigma_3|\,|\mathrm{d}\theta_2|}{\mathrm{d}N} \\[3mm]
\dfrac{\mathrm{d}\bar{\gamma}_q^{p\,'}}{\mathrm{d}N} = \dfrac{D\sqrt{3}\,|\sigma_2 - \sigma_3|\,|\mathrm{d}\theta_2|}{\mathrm{d}N}
\end{cases}
\tag{5-54}
$$

一般情况下，考虑应力主轴旋转与应力 Lode 角影响时，塑性应变增量与应力增量关系可写成：

$$\frac{\mathrm{d}\varepsilon_v^p}{\mathrm{d}N} = \frac{A'\mathrm{d}p}{\mathrm{d}N} + \frac{B'\mathrm{d}q}{\mathrm{d}N} + \frac{C'\mathrm{d}\theta_\sigma}{\mathrm{d}N} + \frac{D'\mathrm{d}\theta_1}{\mathrm{d}N} + \frac{E'\mathrm{d}\theta_2}{\mathrm{d}N} + \frac{F'\mathrm{d}\theta_3}{\mathrm{d}N}$$

$$\frac{\mathrm{d}\overline{\gamma}_q^p}{\mathrm{d}N} = \frac{G'\mathrm{d}p}{\mathrm{d}N} + \frac{H'\mathrm{d}q}{\mathrm{d}N} + \frac{I'\mathrm{d}\theta_\sigma}{\mathrm{d}N} + \frac{J'\mathrm{d}\theta_1}{\mathrm{d}N} + \frac{K'\mathrm{d}\theta_2}{\mathrm{d}N} + \frac{L'\mathrm{d}\theta_3}{\mathrm{d}N} \qquad （5-55）$$

式中，A'，B'，…，L' 是塑性系数，可由屈服面求导或试验拟合求得。

式（5-55）与式（5-50）等价，对于"二维主应力轴旋转，三维主应力幅值变化"情况，且不考虑应力 Lode 角的影响（$\mathrm{d}\theta_\sigma=0$），则式（5-55）可简化为：

$$\frac{\mathrm{d}\varepsilon_v^p}{\mathrm{d}N} = \frac{A'\mathrm{d}p}{\mathrm{d}N} + \frac{B'\mathrm{d}q}{\mathrm{d}N} + \frac{E'\mathrm{d}\theta_2}{\mathrm{d}N}$$

$$\frac{\mathrm{d}\overline{\gamma}_q^p}{\mathrm{d}N} = \frac{C'\mathrm{d}p}{\mathrm{d}N} + \frac{D'\mathrm{d}q}{\mathrm{d}N} + \frac{F'\mathrm{d}\theta_2}{\mathrm{d}N} \qquad （5-56）$$

式中，A'，B'，C'，D'，E'，F' 是塑性系数，均是 p，q，θ 的函数，通过三轴试验和模型模拟试验数据拟合的屈服面函数求导得到。各塑性系数表达式为：

$$A' = \frac{\partial f_c}{\partial p}, \ B' = \frac{\partial f_c}{\partial q}, \ E' = \frac{\partial f_c}{\partial \theta_2}, \ C' = \frac{\partial f_s}{\partial p}, \ D' = \frac{\partial f_s}{\partial q}, \ F' = \frac{\partial f_s}{\partial \theta_2} \qquad （5-57）$$

式中，f_s 为式（5-40）拟合的剪切屈服函数，f_c 为式（5-41）拟合的体积屈服函数。

为计算式（5-56）中的体积塑性变形与剪切塑性变形，先按第 4 章式（4-61）求得路基土中任意一点在交通荷载作用下累积的动应力量，再在常规三轴试验中施加累积的动应力等效的轴向应力及径向应力，将试验结果进行拟合并归一化分析，最后按式（5-57）求得各塑性系数。

5.5.6　模型参数的确定

本章的模型共包括 15 个材料参数，分别为泊松比 ν，模型参数 α_s，α_c，γ_s，γ_c，试验拟合参数 a_1，b_1，a_2^2，b_2^2，塑性系数 A'，B'，C'，D'，E'，F'。各参数的确定方法说明如下：

（1）模型参数 α_s，γ_s 由 $\Delta\varepsilon_s^p - N$ 曲线进行双曲线拟合得到；α_c，γ_c 由 $\Delta\varepsilon_c^p - N$ 曲线进行双曲线拟合得到。

（2）试验拟合参数 a_1、b_1 通过常规三轴试验不同的 $\overline{\gamma}^p$ 与 a_1、b_1 的关系曲线线性拟合得到；a_2^2，b_2^2 通过常规三轴试验不同的 ε_v^p 与 a_2^2，b_2^2 的关系曲线线性拟合得到。

（3）塑性系数 A'，B'，C' 通过在 $p-q$ 平面内作出体积屈服面等 ε_v^p 面，采用椭圆形曲线拟合体积屈服函数 f_c，由体积屈服函数 f_c 分别对 p，q，θ 求导而得到；塑

性系数 D'，E'，F' 通过在 p-q 平面内作出剪切屈服面 $\bar{\gamma}^p$ 面，采用双曲线型拟合剪切屈服函数 f_s，由剪切屈服函数 f_s 分别对 p，q，θ 求导而得到。

经过拟合和求导，得出模型模拟试验的软黏土的各模型参数平均值，如表 5-4 所示。模型参数尽管较多，但很容易确定，便于在实际工程中应用。

表 5-4　模型参数

v	α_s	γ_s	α_c	γ_c	a_1	b_1	a_2^2	b_2^2	A'	B'	C'	D'	E'	F'
0.3	0.0065	2.94	5e^{-5}	4.0	1.12	$3.13*10^{-5}$	$5.94*10^4$	$2.96*10^4$	0.025	0.36	0.12	0.013	0.42	0.18

5.6　模型的验证与实例分析

5.6.1　模型的验证

选取广东西部沿海高速公路台山段路基中心的工后沉降监测资料与模型计算值进行对比分析，验证模型的正确性和合理性。

西部沿海高速公路台山段于 2002 年 4 月底建成通车，全长 86.5 km，沿线分布约 30.0 km 的软基路段。据工程地质勘探资料，沿线软土以淤泥、淤泥质亚黏土为主，厚度较大，约 10.5 ～ 18.0 m，埋深较浅，约为 1.0 ～ 2.5 m；其中第三标段的软土处理前含水率为 50.7% ～ 105.5%，孔隙比 1.34 ～ 2.93，塑性指数 14 ～ 24，十字板平均强度为 21.39 kPa。选取 k22+140 断面，路基软土顶面深度约为 4.5 m，厚度按平均值 14.5 m 计；2002 年 4 月底通车后至 2005 年 6 月底的路基顶面工后沉降数据见表 5-5 [1,245]。

2002 年 4 月底通车后至 2005 年 6 月底，其昼夜通车量平均按 10 000 辆 / 天计。采用我国现行路面设计规范中规定的标准轴载 BZZ-100 的轴载为 p=100/4kN，按图 3-1 中的单圆荷载，等效当量直径 D=0.302 m，则单轮荷载强度 P=349.2 kPa。利用 VB 程序语言，按 5.5 节确定的双屈服面等价粘塑性模型及表 5-4 确定的模型参数值，编制计算程序算出相应条件下的塑性应变值（见表 5-5）。对比结果如图 5-5 所示。

表 5-5　实测值与计算值对比分析表

通车天数 /d	实测工后沉降值 /mm	实测塑性应变 /%	模型计算应变值 /%	误　差 /%	备　注
300	24.5	2.0	2.3	+15.0	"+"表示计算值偏大； "−"表示计算值偏小
600	58.3	4.0	3.8	−5.0	
900	81.6	5.1	4.1	−19.6	
1120	92.5	5.4	4.3	−20.4	

从表 5-5 和图 5-5 可以看出，模型计算值与工后沉降实测值的误差在 5.0%～20.4% 之间，平均误差为 15%。

总体上，利用本章建立的模型计算所得塑性应变值与实测值相差不大，误差在可接受范围内，证明了模型的正确性和合理性。

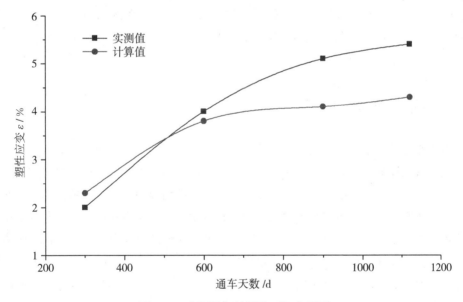

图 5-5　实测值与计算值对比分析图

5.6.2　讨论

根据图 5-5，在开放交通后的 1.5 年内，模型计算的塑性应变值大于实测值；在通车 1.5 年后，实测值大于计算值，且随着通车时间的增长，实测值仍在缓慢增大，而计算值增大的趋势比较缓慢。这可能与路基土的土性、土的物理力学性质、侧向变形以及车辆振动有关。而本章建立的双屈服面等价粘塑性模型，把土性及土的物理力学性质统一用孔隙水压力系数及各模型参数表示，是归一化的线性拟合结果。土性及土的物理力学性质的影响未具体讨论和定义，这些将在下一步的研究中重点探讨。

另外，在通车初期计算值大于实测值，可能是由于通车初期路基土实际的侧向变形较小，且面层和基层吸收和分散了行车动荷载，实际产生的动应力比等效动荷载小，这些因素对路基变形的影响在通车初期占主体，而本章的模型忽略了面层和基层对动应力的分散作用，从而导致计算值比实测值偏大；随着通车时间的增长，路基软土的侧向变形量越来越大，车辆振动的影响也越明显，且土的物理力学性质发生局部变化，此时，这些因素在路基土的变形中占主要部分，但本章模型未考虑侧向变形、车辆振动以及土的不同物理力学性质的影响，因而在后期，路基土的实测变形值会大于计算值。

在实际道路工程中使用本书的模型时，应结合工程实际经验对模型进行修正，将模型的计算值乘以经验系数 K_e（根据本节实例分析结果的反算，K_e 的大小在 $1.0 \sim 1.35$ 之间），按经验系数 K_e 修正后的计算结果可以应用于实际道路工程的变形预测。

5.7　路基沉降的组成划分

对于交通荷载下路基的沉降，以往的研究及工程实际常把交通荷载等效为相应的静荷载，由此计算和预测路基的总沉降，由主固结变形、次固结变形及侧向变形三部分组成。通过第 4 章及本章的分析可知，除了正常的路堤静载所产生的沉降外，在公路开放交通后，由于车辆在行驶过程中会在路基中产生动应力累积效应及孔隙水压力累积效应。由于累积的动应力及孔隙水压力会产生相应的累积塑性应变，这部分累积的塑性应变与通常静载作用下的主固结变形和次固结变形是不同的。因此，本书将路基沉降分为两部分，一部分为通常的路堤和路面结构等静载引起的沉降，包含前面所述的主固结变形、次固结变形及侧向变形；另一部分为开放交通后由行车荷载产生的累积动应力和累积孔隙水压力引起的累积塑性应变，由动应力和孔隙水压力累积效应所产生的累积塑性变形，也包含相应的主固结变形、次固结变形及侧向变形。由此，将交通循环动荷载引起的累积塑性应变从通常定义的残余应变中分离出来，即总的残余应变应包含路堤静载下产生的残余应变及由动应力累积所产生的塑性应变。

5.8　小结

本章基于主应力轴旋转时的广义塑性位势理论和安定理论，并根据双屈服面理论及等价粘塑性理论的推导，采用拟合的屈服面函数，建立了交通荷载下主应力轴旋转时路基软土的双屈服面等价粘塑性本构模型。

通过交通荷载下路基软土中的动应力及塑性应变累积特性的研究，将路基沉降分为两部分，一部分为通常的路堤和路面结构等静载引起的沉降，包含前面所述的主固结变形、次固结变形及侧向变形；另一部分为开放交通后由行车荷载产生的累积动应力和累积孔隙水压力引起的累积塑性应变，由动应力和孔隙水压力累积效应所产生的累积塑性变形，也包含相应的主固结变形、次固结变形及侧向变形。

第 6 章 结论与展望

6.1 结论

本书对交通循环动荷载作用下珠三角地区典型的路基软土进行了模型模拟试验及现场原型监测试验，研究了主应力轴旋转时路基软土的动应力累积、塑性应变累积和孔隙水压力累积特性，主要成果概括如下：

（1）通过 3 种车重、3 种车速、3 个深度、不同循环加载次数的模型模拟试验及实际公路中选取试验段进行的原型监测试验，取得了交通荷载作用下路基软土的动应力和塑性应变产生、发展、累积的第一手宝贵资料。

（2）模型试验中加载条件与软黏土动应力累积的关系主要有以下几方面：

① 随着循环加载次数的增大，软黏土中的动应力呈现累积的趋势。动应力累积过程分为两个阶段，第一阶段动应力累积较快，其累积速率较大，土中总的动应力增长很快；第二阶段为加载达到一定次数后，动应力累积开始变慢，其累积速率逐渐减小，但仍存在动应力累积，而总的动应力增量随着加载次数的增加在不断小幅增长。

② 随着深度的增加，软黏土中动应力累积的趋势逐渐减缓，累积速率逐渐减小。路基浅处的动应力累积增量大于深处的累积增量，即浅处的累积速率大于深处的累积速率。

③ 在相同深度和相同循环加载次数条件下，随着荷载强度 P 的增大，动应力累积曲线逐渐变陡，试验曲线的斜率也逐渐增大，即累积速率逐渐增大。动应力累积趋势总体上在增大，且荷载越大，动应力累积速率越快，增大的趋势越强，累积增量也越大。

④ 在同一路基深度、相同荷载强度作用下，随着行车速度 v 的增加，动应力累积增量逐渐增大，但累积速率逐渐减小，动应力累积的增加幅度较小。行车速度对动应力的累积影响较小。

（3）模型试验加载条件对软黏土中孔隙水压力累积的影响主要有以下几方面：

① 随着循环加载次数 N 的不断增加，孔压不断累积。在加载初期，孔压较小，但发展迅速，孔压累积的速率较大；当达到一定加载次数之后，孔压增长速率开始减小，但持续累积，其累积总量逐渐增大。

② 在行车速度及循环加载次数相同的情况下，随着荷载强度的增大，路基软土中所产生的孔压也不断增大。

③ 在荷载强度和加载次数相同的情况下，随着速度的增大，路基软土中的孔隙水压力逐渐增大。总体上，速度 v 对孔压累积及累积速率影响不大。

（4）模型试验加载条件对软黏土塑性应变累积的影响主要表现在以下几方面：

① 随着循环加载次数的增加，土体中的塑性应变不断增大，呈现累积效应。在循环加载初期，塑性应变累积增长速度较快，累积速率较大；当达到一定次数后，塑性应变累积速率开始变小，塑性应变的增量减小，但总的塑性应变随着加载次数的增加仍在不断增大。

② 在相同深度和相同循环加载次数条件下，随着荷载强度 P 的增大，塑性应变逐渐增大，累积速率也逐渐增大。荷载越大，塑性应变累积速率越快，增大的趋势越强，累积增量也越大。

③ 在相同荷载和行车速度条件下，随着深度的增加，塑性应变累积速率逐渐减小。

④ 在深度、荷载强度和加载次数相同的条件下，随着行车速度的增大，塑性应变累积速率逐渐增大。不同速度条件下产生的塑性应变相差不大，总体上，速度对动应力的累积影响不大。

（5）车辆振动对路基中产生的动应力有影响，随着车辆振动强度的增大，在路基中产生的动应力明显增大，说明路面不平整引起的跳车也会增大路基中的动应力。

（6）根据安定理论的分析，本书模型模拟试验所用的典型的珠江三角洲软黏土的临界应力水平定为 48%。当施加的循环动荷载的应力水平大于临界应力水平 48% 时，随着加载次数的增大，土体将表现为增量崩溃状态，土体迅速破坏；当施加的应力水平小于临界应力水平 48% 时，土体处于弹性安定～塑性安定状态或塑性潜变安定状态，土体稳定或基本稳定。

（7）利用土的结构性变化、能量耗散理论及土的结构熵理论，结合安定理论的定性分析，较好地揭示了交通荷载作用下路基软土中的动应力累积和塑性应变累积的机理。

（8）基于广义塑性位势理论中应力增量的推导及改进的亨开尔孔压模型，通过模型模拟试验数据的拟合及归一化处理，建立了考虑孔隙水压力系数及循环加载次数、行车荷载、路基深度等的动应力累积方程。将动应力累积方程的计算值与现场原型监测试验及模型模拟试验的实测值进行对比，对比结果表明两者的误差在可接受范围内，证明了动应力累积方程的合理性和正确性。

（9）本书基于主应力轴旋转时的广义塑性位势理论和安定理论，根据双屈服面理论及等价粘塑性理论的推导，采用拟合的屈服面函数，建立了交通荷载下主应力轴旋转时路基软土的双屈服面等价粘塑性本构模型。模型的计算结果与实际公路工后沉降观测结果对比，结果表明两者的误差在可接受范围内，验证了主应力轴旋转时路基软土双屈服面等价粘塑性本构模型的正确性和合理性。

本书创新点有以下两点：

（1）建立了交通循环动荷载下主应力轴旋转时路基土的有效动应力累积方程。行车荷载、加载次数、路基深度对路基土的动应力累积具有重要影响，已有的资料及研究成果显示，尚无学者将这三者结合起来分析和讨论，缺乏相关的量化研究。本书将三者结合起来，借助广义塑性位势理论中的应力增量和改进的亨开尔孔压模型，按有效应力原理和试验拟合的参数和孔压系数，得出有效动应力累积量的求解方程。

（2）建立了交通循环动荷载下基于安定理论的路基软土双屈服面等价粘塑性本构模型。基于动应力累积的求解方程，考虑行车荷载、加载次数、路基深度对路基土塑性应变的影响。根据双屈服面理论及广义塑性位势理论，并借助安定理论和等价粘塑性理论，通过试验拟合的屈服面函数，推导并建立了交通荷载下路基软土双屈服面等价粘塑性本构模型，模型反映了交通荷载下路基土的塑性应变累积特性。

6.2　进一步工作建议与展望

本书将模型模拟试验、现场原型监测试验及理论研究三者相结合，来探讨交通荷载下路基软土中的动应力、塑性应变累积特性和规律，由于时间和能力所限以及问题的复杂性，笔者只是对动应力和塑性应变累积变形计算方法进行了初步探讨，本书仍有许多不足之处需要改进，结合国内外的研究现状以及现有的试验成果来看，建议还应继续进行以下几方面的研究，来进一步确认路基土在交通荷载作用下的性状特征：

（1）模型模拟试验仅对处于同一物性的饱和重塑软土进行了研究，未研究不同含水率、不同应力历史等物性条件对土中动应力累积、塑性应变累积的影响。应进行不同含水率、不同应力历史等条件的模型模拟试验研究，以确定土在不同物理力学状态下的动应力和塑性应变累积特性。另外，本书仅针对软黏土开展研究，下一步应针对其他土性开展相应的研究。

（2）本书建立的动应力累积方程和双屈服面等价粘塑性模型的参数多以试验拟合为主，有些参数物理意义不很明确。在下一步的研究中，应重点探讨模型参数代表的具体意义，并通过理论推导，给出物理意义更加明确的模型参数的确定方法。

（3）将面层对动应力累积及塑性应变累积的影响采用试验拟合参数来反映，实际上，面层相对于路基土而言是刚性体，且近似认为是完全弹性的梁，车辆行驶过程中，面层与路基土之间产生动态响应，应深入研究两者之间的动态响应以及面层对动应力累积和塑性应变累积的影响。

（4）本书建立的动应力累积方程和双屈服面等价粘塑性模型将主应力轴旋转过程中的应力 Lode 角视为不变，是纯主应力轴旋转下的求解。进一步研究必须考虑应力 Lode 角的变化与纯主应力轴旋转的耦合，对动应力和塑性应变累积特性的影响，建立 Lode 角的变化与纯主应力轴旋转耦合时塑性应变累积的量化模型。

（5）本书所建立的模型未考虑路基软土侧向变形的影响，在下一步研究中应把侧向变形对总的塑性变形的影响考虑进来。

附　录

附录 1　模型模拟试验动应力实测数据表

（1）$P = 22.0$ kPa

加载次数	行车速度 /（m/s）								
	2.4			3.0			4.0		
	路基深度 /cm			路基深度 /cm			路基深度 /cm		
	15	45	85	15	45	85	15	45	85
5	0.690	0.179	0.084	0.859	0.428	0.228	1.083	0.665	0.178
10	1.485	0.419	0.168	2.150	1.000	0.458	3.814	1.160	0.304
15	2.256	0.754	0.335	3.100	1.486	0.772	4.561	1.660	0.419
20	2.988	1.044	0.480	4.090	1.971	0.986	5.523	2.127	0.556
25	3.740	1.386	0.647	5.050	2.438	1.152	6.235	2.572	0.673
30	4.464	1.760	0.884	6.392	3.152	1.326	7.323	3.106	0.772
35	5.200	2.118	1.028	7.725	3.705	1.517	8.276	3.515	0.852
40	6.329	2.597	1.143	8.800	4.181	1.722	9.269	3.784	0.935
45	7.452	2.993	1.249	9.529	4.571	1.768	10.603	4.083	1.030
50	8.585	3.565	1.356	10.019	5.019	1.807	11.212	4.356	.1.140

（续　表）

加载次数	行车速度／（m/s）								
	2.4			3.0			4.0		
	路基深度/cm			路基深度/cm			路基深度/cm		
	15	45	85	15	45	85	15	45	85
55	9.489	4.136	1.455	10.328	5.305	1.851	11.630	4.562	1.209
60	10.079	4.479	1.645	10.625	5.571	1.891	11.843	4.744	1.275
65	10.336	4.730	1.714	10.741	5.848	1.953	12.196	4.857	1.328
70	10.526	4.928	1.790	10.930	5.933	1.988	12.430	4.893	1.409
75	10.602	5.058	1.851	11.172	6.019	2.038	12.585	4.963	1.471
80	10.669	5.141	1.889	11.329	6.029	2.085	12.753	4.991	1.505
85	10.707	5.195	1.927	11.482	6.086	2.146	12.825	5.046	1.545
90	10.764	5.248	1.950	11.603	6.086	2.203	12.947	5.121	1.581
95	10.840	5.309	1.980	11.715	6.114	2.241	13.081	5.215	1.609
100	10.907	5.370	2.018	11.769	6.095	2.276	13.158	5.260	1.635
105	11.002	5.385	2.026	11.854	6.143	2.302	13.169	5.296	1.665
110	11.069	5.423	2.034	11.949	6.152	2.329	13.170	5.349	1.697
115	11.135	5.446	2.041	12.016	6.162	2.351	13.184	5.374	1.723
120	11.192	5.499	2.041	12.097	6.190	2.363	13.197	5.435	1.745
125	11.221	5.522	2.049	12.169	6.162	2.382	13.219	5.494	1.772
130	11.230	5.560	2.049	12.245	6.181	2.394	13.229	5.563	1.804
135	11.278	5.576	2.049	12.308	6.210	2.407	13.238	5.607	1.840
140	11.354	5.606	2.072	12.380	6.229	2.418	13.245	5.641	1.884
145	11.487	5.637	2.087	12.433	6.257	2.427	13.252	5.680	1.918
150	11.583	5.659	2.095	12.532	6.286	2.434	13.265	5.721	1.942
155	11.687	5.705	2.110	12.600	6.276	2.446	13.278	5.758	1.970

（续　表）

加载次数	行车速度 /（m/s）								
	2.4			3.0			4.0		
	路基深度 /cm			路基深度 /cm			路基深度 /cm		
	15	45	85	15	45	85	15	45	85
160	11.706	5.728	2.133	12.685	6.295	2.456	13.282	5.788	2.008
165	11.754	5.766	2.140	12.734	6.295	2.473	13.292	5.835	2.046
170	11.821	5.797	2.171	12.797	6.305	2.483	13.316	5.891	2.070
175	11.830	5.865	2.178	12.882	6.333	2.496	13.324	5.929	2.110
180	11.954	5.903	2.201	12.923	6.333	2.505	13.331	5.960	2.140
185	11.973	5.926	2.224	12.963	6.362	2.518	13.348	5.993	2.170
190	11.992	5.949	2.277	12.968	6.343	2.528	13.358	6.024	2.216
195	11.982	5.964	2.293	12.999	6.362	2.539	13.362	6.046	2.255
200	12.030	5.979	2.323	13.013	6.333	2.549	13.377	6.074	2.289
205	12.097	6.000	2.346	13.017	6.381	2.561	13.385	6.102	2.323
210	12.116	6.000	2.369	13.030	6.362	2.570	13.391	6.120	2.361
215	12.097	6.048	2.392	13.030	6.381	2.578	13.406	6.143	2.397
220	12.106	6.078	2.437	13.030	6.371	2.588	13.416	6.165	2.451
225	12.135	6.139	2.437	13.057	6.381	2.600	13.427	6.191	2.479
230	12.163	6.170	2.468	13.066	6.362	2.608	13.458	6.223	2.515
235	12.258	6.162	2.498	13.089	6.352	2.616	13.466	6.248	2.545
240	12.315	6.193	2.506	13.102	6.352	2.625	13.470	6.287	2.569
245	12.287	6.261	2.529	13.116	6.352	2.634	13.496	6.323	2.589
250	12.287	6.292	2.529	13.134	6.362	2.642	13.540	6.354	2.613
255	12.325	6.314	2.559	13.134	6.362	2.648	13.595	6.417	2.633
260	12.382	6.337	2.597	13.156	6.400	2.658	13.620	6.445	2.653

（续 表）

加载次数	行车速度 / (m/s)								
	2.4			3.0			4.0		
	路基深度 /cm			路基深度 /cm			路基深度 /cm		
	15	45	85	15	45	85	15	45	85
265	12.458	6.314	2.620	13.170	6.410	2.674	13.776	6.482	2.673
270	12.468	6.360	2.651	13.174	6.422	2.681	13.887	6.520	2.691
275	12.477	6.375	2.674	13.197	6.459	2.689	13.901	6.562	2.715
280	12.515	6.406	2.712	13.223	6.496	2.702	14.078	6.590	2.725
285	12.515	6.400	2.734	13.250	6.517	2.710	14.136	6.618	2.747
290	12.525	6.406	2.742	13.273	6.549	2.720	14.192	6.637	2.756
295	12.553	6.413	2.750	13.286	6.598	2.730	14.276	6.657	2.784
300	12.570	6.448	2.769	13.311	6.632	2.743	14.306	6.693	2.804

（2）$P = 39.4$ kPa

加载次数	行车速度 / (m/s)								
	2.4			3.0			4.0		
	路基深度 /cm			路基深度 /cm			路基深度 /cm		
	15	45	85	15	45	85	15	45	85
5	1.510	1.649	0.924	2.096	0.984	0.431	2.577	1.084	0.517
10	2.960	2.655	1.590	3.400	1.750	0.823	4.082	2.170	1.000
15	3.390	3.540	2.322	4.700	2.710	1.311	5.366	3.100	1.450
20	4.600	4.370	2.881	6.000	3.784	1.739	7.115	3.950	1.986
25	6.136	5.250	3.399	7.900	4.731	2.267	8.873	4.880	2.829
30	8.120	6.060	3.778	9.300	5.655	2.792	10.031	5.890	3.586
35	9.290	7.190	4.091	10.500	6.626	3.216	11.366	6.590	4.253

（续　表）

加载次数	行车速度 /（m/s）								
	2.4			3.0			4.0		
	路基深度 /cm			路基深度 /cm			路基深度 /cm		
	15	45	85	15	45	85	15	45	85
40	10.320	8.130	4.578	11.300	7.773	3.437	12.744	7.360	4.941
45	11.320	8.910	4.859	12.500	9.022	3.628	14.104	8.290	5.588
50	12.190	9.620	5.163	13.500	9.728	3.965	14.848	9.000	6.420
55	12.670	10.030	5.404	14.600	10.404	4.196	15.532	10.390	7.000
60	13.510	10.640	5.640	14.900	11.322	4.383	16.073	11.000	7.300
65	14.218	11.190	5.886	15.200	11.907	4.574	16.783	11.940	7.577
70	14.869	11.590	6.025	16.000	12.535	4.734	17.315	12.710	7.811
75	15.295	12.160	6.167	16.300	12.975	4.922	17.823	13.410	8.013
80	15.650	12.660	6.351	16.700	13.367	5.065	18.279	14.110	8.207
85	16.070	13.050	6.471	17.200	13.627	5.249	18.744	14.500	8.388
90	16.450	13.350	6.552	17.400	13.838	5.420	19.192	14.730	8.537
95	16.770	13.620	6.726	17.500	14.086	5.597	19.682	15.000	8.665
100	16.900	13.971	6.886	18.000	14.278	5.731	20.121	15.191	8.753
105	17.030	14.101	7.003	18.100	14.521	5.851	20.434	15.492	8.859
110	17.110	14.257	7.154	18.600	14.717	6.025	20.882	15.719	8.965
115	17.310	14.413	7.293	18.500	14.953	6.176	21.245	16.020	9.053
120	17.550	14.587	7.413	19.000	15.173	6.313	21.541	16.193	9.145
125	17.810	14.743	7.534	19.100	15.330	6.466	21.837	16.375	9.233
130	17.980	14.943	7.690	19.600	15.502	6.604	22.115	16.530	9.335
135	18.160	15.090	7.847	19.514	15.651	6.761	22.344	16.703	9.419
140	18.340	15.220	7.945	19.812	15.777	6.898	22.800	16.858	9.498

（续 表）

加载次数	行车速度 / (m/s)								
	2.4			3.0			4.0		
	路基深度 /cm			路基深度 /cm			路基深度 /cm		
	15	45	85	15	45	85	15	45	85
145	18.530	15.351	8.030	20.216	15.926	6.991	23.070	16.995	9.564
150	18.630	15.515	8.101	20.453	16.099	7.175	23.430	17.140	9.639
155	18.720	15.654	8.199	20.796	16.185	7.326	23.740	17.322	9.718
160	18.960	15.819	8.293	21.117	16.311	7.469	23.870	17.486	9.775
165	19.140	15.949	8.387	21.399	16.429	7.657	24.140	17.650	9.837
170	19.330	16.088	8.508	21.590	16.546	7.807	24.500	17.805	9.885
175	19.450	16.279	8.655	21.773	16.664	7.931	24.720	17.951	9.925
180	19.659	16.418	8.767	21.994	16.750	8.061	25.170	18.097	9.974
185	19.810	16.574	8.860	22.170	16.852	8.225	25.460	18.215	10.026
190	20.020	16.748	8.936	22.338	16.954	8.419	25.770	18.333	10.075
195	20.330	16.878	9.057	22.567	17.143	8.600	26.070	18.443	10.119
200	20.528	17.000	9.119	22.727	17.284	8.760	26.190	18.552	10.150
205	20.730	17.129	9.200	22.887	17.480	8.884	26.270	18.679	10.216
210	20.920	17.242	9.280	23.017	17.606	9.008	26.300	18.816	10.269
215	21.135	17.381	9.343	23.177	17.755	9.091	26.360	18.934	10.322
220	21.352	17.503	9.414	23.345	17.896	9.200	26.280	19.026	10.379
225	21.508	17.633	9.472	23.452	18.053	9.324	26.420	19.144	10.436
230	21.693	17.772	9.521	23.589	18.195	9.425	26.400	19.244	10.489
235	21.798	17.928	9.597	23.727	18.383	9.522	26.590	19.344	10.537
240	21.916	18.041	9.646	23.895	18.524	9.622	26.790	19.454	10.577
245	22.025	18.171	9.705	24.047	18.634	9.719	26.580	19.554	10.617

（续　表）

加载次数	行车速度 /（m/s）								
	2.4			3.0			4.0		
	路基深度 /cm			路基深度 /cm			路基深度 /cm		
	15	45	85	15	45	85	15	45	85
250	22.278	18.275	9.771	24.192	18.760	9.829	26.740	19.672	10.652
255	22.486	18.388	9.816	24.307	18.854	9.900	26.760	19.781	10.692
260	22.641	18.501	9.870	24.528	18.940	9.993	26.800	19.891	10.736
265	22.751	18.579	9.928	24.704	19.050	10.090	26.900	19.982	10.780
270	22.910	18.665	9.977	24.887	19.121	10.177	27.000	20.073	10.824
275	23.098	18.752	10.026	25.139	19.210	10.268	26.990	20.146	10.853
280	23.270	18.848	10.057	25.383	19.317	10.361	27.150	20.237	10.859
285	23.430	18.934	10.098	25.642	19.427	10.438	27.070	20.337	10.907
290	23.510	19.030	10.138	25.864	19.521	10.505	27.330	20.455	10.901
295	23.686	19.099	10.165	26.000	19.568	10.572	27.280	20.565	10.949
300	23.871	19.152	10.200	26.160	19.623	10.648	27.300	20.628	10.925

（3）$P = 57.0 \, \text{kPa}$

加载次数	行车速度 /（m/s）								
	2.4			3.0			4.0		
	路基深度 /cm			路基深度 /cm			路基深度 /cm		
	15	45	85	15	45	85	15	45	85
5	2.159	1.294	0.969	2.567	0.916	0.535	4.106	2.400	1.031
10	4.340	2.257	1.527	4.091	1.789	0.905	6.721	3.720	1.741
15	6.360	3.537	2.061	7.600	2.484	1.250	9.772	4.818	2.395
20	8.050	4.878	2.549	9.723	3.152	1.646	12.404	6.015	2.970

（续　表）

加载次数	行车速度 /（m/s）								
	2.4			3.0			4.0		
	路基深度 /cm			路基深度 /cm			路基深度 /cm		
	15	45	85	15	45	85	15	45	85
25	9.877	6.205	2.996	10.763	3.857	2.164	13.906	7.083	3.659
30	11.936	7.178	3.379	12.677	4.478	2.650	15.153	7.979	4.145
35	13.199	8.449	3.786	14.032	5.167	3.088	16.253	8.980	4.520
40	14.392	10.000	4.198	15.127	5.751	3.429	17.501	9.772	5.121
45	15.378	10.780	4.660	16.756	6.267	3.761	18.581	10.484	5.501
50	16.128	11.627	5.028	17.640	6.720	4.067	19.298	11.147	5.739
55	16.719	12.000	5.313	18.479	7.120	4.330	19.799	11.711	5.987
60	17.223	12.368	5.594	19.199	7.493	4.572	20.378	12.116	6.237
65	18.008	12.685	5.826	19.658	7.967	4.795	20.849	12.546	6.426
70	18.835	12.987	5.991	19.915	8.677	5.024	21.242	12.847	6.603
75	19.430	13.266	6.160	20.556	9.256	5.241	21.635	13.240	6.756
80	20.116	13.431	6.308	20.873	9.935	5.449	22.018	13.626	6.888
85	20.950	13.568	6.458	20.911	10.550	5.645	22.401	14.000	7.003
90	21.455	13.747	6.585	21.721	11.082	5.830	22.765	14.320	7.165
95	21.901	13.927	6.682	22.428	11.598	5.961	23.138	14.682	7.277
100	22.413	14.149	6.754	22.988	12.019	6.096	23.452	15.000	7.395
105	22.744	14.338	6.828	23.134	12.366	6.220	23.786	15.357	7.501
110	23.190	14.522	6.885	23.174	12.739	6.319	24.149	15.572	7.584
115	23.653	14.687	6.944	23.867	13.087	6.481	24.542	15.762	7.651
120	23.876	14.857	6.997	24.087	13.402	6.597	24.935	15.959	7.731
125	24.149	15.037	7.048	24.514	13.776	6.723	25.249	16.174	7.819

（续　表）

加载次数	行车速度 /（m/s）								
	2.4			3.0			4.0		
	路基深度 /cm			路基深度 /cm			路基深度 /cm		
	15	45	85	15	45	85	15	45	85
130	24.413	15.178	7.099	24.742	14.150	6.813	25.563	16.358	7.890
135	24.661	15.292	7.145	25.089	14.481	6.891	25.966	16.573	7.964
140	24.884	15.447	7.179	25.486	14.744	6.971	26.329	16.812	8.046
145	25.017	15.627	7.217	25.950	15.071	7.055	26.663	17.064	8.114
150	25.215	15.787	7.259	26.400	15.370	7.146	27.007	17.291	8.185
155	25.347	15.906	7.306	26.667	15.555	7.245	27.400	17.561	8.273
160	25.579	16.080	7.335	26.829	15.807	7.327	27.685	17.806	8.350
165	25.818	16.222	7.365	27.265	16.097	7.434	28.009	18.046	8.423
170	25.975	16.378	7.392	27.585	16.307	7.518	28.353	18.328	8.509
175	26.124	16.510	7.422	27.729	16.481	7.598	28.736	18.586	8.582
180	26.273	16.675	7.454	27.951	16.696	7.674	29.099	18.819	8.650
185	26.438	16.789	7.485	28.118	16.886	7.784	29.394	18.954	8.703
190	26.587	16.940	7.519	28.649	17.044	7.866	29.610	19.157	8.739
195	26.760	17.086	7.546	28.881	17.217	7.965	29.885	19.341	8.797
200	26.909	17.223	7.589	29.053	17.417	8.053	30.140	19.580	8.853
205	27.083	17.318	7.623	29.282	17.581	8.139	30.484	19.764	8.906
210	27.240	17.464	7.661	29.395	17.775	8.234	30.818	19.936	8.986
215	27.430	17.610	7.699	29.483	17.938	8.299	31.043	20.102	9.036
220	27.595	17.738	7.735	29.581	18.075	8.344	31.338	20.311	9.092
225	27.793	17.875	7.782	29.661	18.307	8.398	31.584	20.464	9.154
230	27.975	17.998	7.830	29.768	18.496	8.434	31.800	20.630	9.219

（续　表）

加载次数	行车速度 /（m/s）								
	2.4			3.0			4.0		
	路基深度 /cm			路基深度 /cm			路基深度 /cm		
	15	45	85	15	45	85	15	45	85
235	28.132	18.102	7.881	29.959	18.717	8.476	32.006	20.814	9.296
240	28.264	18.177	7.923	30.202	18.964	8.520	32.192	20.937	9.342
245	28.380	18.248	7.964	30.402	19.154	8.577	32.340	21.090	9.396
250	28.479	18.328	8.004	30.600	19.328	8.623	32.507	21.274	9.457
255	28.587	18.404	8.038	30.806	19.485	8.680	32.664	21.422	9.525
260	28.752	18.479	8.063	30.909	19.633	8.752	32.801	21.593	9.602
265	28.917	18.555	8.101	31.027	19.817	8.817	32.988	21.741	9.671
270	29.050	18.630	8.133	31.130	19.948	8.878	33.135	21.863	9.722
275	29.248	18.711	8.162	31.219	20.127	8.948	33.322	22.066	9.767
280	29.438	18.782	8.196	31.315	20.280	9.030	33.528	22.281	9.814
285	29.628	18.829	8.234	31.410	20.517	9.097	33.685	22.397	9.867
290	29.785	18.895	8.262	31.691	20.648	9.166	33.803	22.533	9.905
295	29.967	18.933	8.279	31.878	20.832	9.242	33.891	22.649	9.949
300	30.190	18.977	8.295	32.186	20.985	9.299	34.058	22.766	10.026

附录2 模型模拟试验孔隙水压力实测数据表

加载次数	车辆荷载 /kPa								
	22			39.4			57.0		
	行车速度 /（m/s）			行车速度 /（m/s）			行车速度 /（m/s）		
	2.4	3.0	4.0	2.4	3.0	4.0	2.4	3.0	4.0
5	0.262	0.361	0.498	0.634	0.922	1.237	0.842	1.104	2.053
10	0.564	0.903	1.754	1.243	1.496	1.959	1.693	2.259	3.361
15	0.857	1.302	2.098	1.424	2.068	2.576	2.480	3.268	4.886
20	1.135	1.718	2.541	1.932	2.640	3.415	3.140	4.181	6.202
25	1.421	2.121	2.868	2.577	3.476	4.259	3.852	4.628	6.953
30	1.696	2.685	3.369	3.410	4.092	4.815	4.655	5.451	7.577
35	1.976	3.245	3.807	3.902	4.620	5.456	5.148	6.034	8.127
40	2.405	3.696	4.264	4.334	4.972	6.117	5.613	6.505	8.751
45	2.832	4.002	4.877	4.754	5.500	6.770	5.997	7.205	9.291
50	3.262	4.208	5.158	5.120	5.940	7.127	6.290	7.585	9.649
55	3.606	4.338	5.350	5.321	6.424	7.455	6.520	7.946	9.900
60	3.830	4.463	5.448	5.674	6.556	7.715	6.717	8.256	10.189
65	3.928	4.511	5.610	5.972	6.688	8.056	7.023	8.453	10.425
70	4.000	4.591	5.718	6.245	7.040	8.311	7.346	8.563	10.621
75	4.029	4.692	5.789	6.424	7.172	8.555	7.578	8.839	10.818
80	4.054	4.758	5.866	6.573	7.348	8.774	7.845	8.975	11.009
85	4.069	4.822	5.900	6.749	7.568	8.997	8.171	9.129	11.201
90	4.090	4.873	5.956	6.909	7.656	9.212	8.367	9.340	11.383

（续　表）

加载次数	车辆荷载 /kPa								
	22			39.4			57.0		
	行车速度 / (m/s)			行车速度 / (m/s)			行车速度 / (m/s)		
	2.4	3.0	4.0	2.4	3.0	4.0	2.4	3.0	4.0
95	4.119	4.920	6.017	7.043	7.700	9.447	8.541	9.644	11.569
100	4.145	4.943	6.053	7.098	7.920	9.658	8.741	9.885	11.726
105	4.181	4.979	6.058	7.153	7.964	9.808	8.870	9.948	11.893
110	4.206	5.019	6.058	7.186	8.184	10.023	9.044	9.965	12.075
115	4.231	5.047	6.065	7.270	8.140	10.198	9.225	10.263	12.271
120	4.253	5.081	6.071	7.371	8.360	10.340	9.312	10.357	12.468
125	4.264	5.111	6.081	7.480	8.404	10.482	9.418	10.541	12.625
130	4.267	5.143	6.085	7.552	8.624	10.615	9.521	10.639	12.782
135	4.286	5.169	6.089	7.627	8.586	10.725	9.618	10.788	12.983
140	4.315	5.200	6.093	7.703	8.717	10.944	9.705	10.959	13.165
145	4.365	5.222	6.096	7.783	8.895	11.074	9.757	11.159	13.332
150	4.402	5.263	6.102	7.825	8.999	11.246	9.834	11.352	13.504
155	4.441	5.292	6.108	7.862	9.150	11.395	9.885	11.467	13.700
160	4.448	5.328	6.110	7.963	9.291	11.458	9.976	11.536	13.843
165	4.467	5.348	6.114	8.039	9.416	11.587	10.069	11.724	14.005
170	4.492	5.375	6.125	8.119	9.500	11.760	10.130	11.862	14.177
175	4.495	5.410	6.129	8.169	9.580	11.866	10.188	11.923	14.368
180	4.543	5.428	6.132	8.257	9.677	12.082	10.246	12.019	14.550
185	4.550	5.444	6.140	8.320	9.755	12.221	10.311	12.091	14.697
190	4.557	5.447	6.145	8.408	9.829	12.370	10.369	12.319	14.805
195	4.553	5.460	6.147	8.539	9.929	12.514	10.436	12.419	14.943

（续 表）

加载次数	车辆荷载 /kPa								
	22			39.4			57.0		
	行车速度 / (m/s)			行车速度 / (m/s)			行车速度 / (m/s)		
	2.4	3.0	4.0	2.4	3.0	4.0	2.4	3.0	4.0
200	4.571	5.465	6.153	8.622	10.000	12.571	10.495	12.493	15.070
205	4.597	5.467	6.157	8.707	10.070	12.609	10.562	12.591	15.242
210	4.604	5.473	6.160	8.786	10.127	12.624	10.624	12.640	15.409
215	4.597	5.473	6.167	8.877	10.198	12.653	10.698	12.678	15.522
220	4.600	5.473	6.171	8.968	10.272	12.614	10.762	12.720	15.669
225	4.611	5.484	6.176	9.033	10.319	12.682	10.839	12.754	15.792
230	4.622	5.488	6.191	9.111	10.379	12.672	10.910	12.800	15.900
235	4.658	5.497	6.194	9.155	10.440	12.763	10.971	12.882	16.003
240	4.680	5.503	6.196	9.205	10.514	12.859	11.023	12.987	16.096
245	4.669	5.509	6.208	9.251	10.581	12.758	11.068	13.073	16.170
250	4.669	5.516	6.228	9.357	10.644	12.835	11.107	13.158	16.254
255	4.684	5.516	6.254	9.444	10.695	12.845	11.149	13.247	16.332
260	4.705	5.526	6.265	9.509	10.792	12.864	11.213	13.291	16.401
265	4.734	5.531	6.337	9.555	10.870	12.912	11.278	13.342	16.494
270	4.738	5.533	6.388	9.622	10.950	12.960	11.330	13.386	16.568
275	4.741	5.543	6.394	9.701	11.061	12.955	11.407	13.424	16.661
280	4.756	5.554	6.476	9.773	11.169	13.032	11.481	13.465	16.764
285	4.756	5.565	6.503	9.841	11.282	12.994	11.555	13.506	16.843
290	4.760	5.575	6.528	9.874	11.380	13.118	11.616	13.627	16.902
295	4.770	5.580	6.567	9.948	11.440	13.094	11.687	13.708	16.946
300	4.777	5.591	6.581	10.026	11.510	13.104	11.774	13.840	17.029

附录3　模型模拟试验塑性应变实测数据表

（1）$P = 22.0$ kPa

加载次数	行车速度 /（m/s）								
	2.4			3.0			4.0		
	路基深度 /cm			路基深度 /cm			路基深度 /cm		
	15	45	85	15	45	85	15	45	85
5	0.281	0.142	0.050	0.502	0.248	0.048	0.537	0.269	0.072
10	0.488	0.208	0.087	0.743	0.358	0.085	0.808	0.382	0.117
15	0.628	0.248	0.108	0.880	0.428	0.121	0.983	0.495	0.148
20	0.695	0.278	0.126	0.953	0.475	0.145	1.129	0.553	0.172
25	0.750	0.310	0.144	1.003	0.493	0.164	1.293	0.612	0.191
30	0.811	0.347	0.150	1.019	0.501	0.173	1.384	0.657	0.205
35	0.835	0.380	0.157	1.034	0.512	0.180	1.467	0.698	0.212
40	0.893	0.413	0.160	1.047	0.518	0.189	1.520	0.712	0.219
45	0.935	0.432	0.161	1.058	0.527	0.190	1.571	0.726	0.225
50	0.955	0.443	0.162	1.066	0.529	0.191	1.595	0.736	0.231
55	0.974	0.446	0.163	1.068	0.531	0.193	1.601	0.744	0.237
60	0.980	0.451	0.164	1.080	0.536	0.194	1.605	0.757	0.240
65	0.989	0.456	0.166	1.087	0.542	0.196	1.609	0.769	0.242
70	0.991	0.461	0.166	1.089	0.548	0.196	1.615	0.774	0.243
75	1.001	0.467	0.168	1.097	0.552	0.198	1.623	0.780	0.244
80	1.006	0.471	0.169	1.105	0.553	0.199	1.629	0.785	0.244
85	1.020	0.471	0.171	1.126	0.555	0.202	1.636	0.797	0.244
90	1.027	0.475	0.172	1.131	0.557	0.203	1.642	0.807	0.245

加载次数	行车速度 /（m/s）								
	2.4			3.0			4.0		
	路基深度 /cm			路基深度 /cm			路基深度 /cm		
	15	45	85	15	45	85	15	45	85
95	1.030	0.480	0.173	1.134	0.560	0.204	1.644	0.817	0.245
100	1.031	0.487	0.173	1.134	0.567	0.204	1.645	0.819	0.245
105	1.031	0.494	0.173	1.135	0.572	0.204	1.645	0.825	0.245
110	1.032	0.500	0.173	1.136	0.582	0.204	1.647	0.833	0.245
115	1.033	0.505	0.173	1.137	0.580	0.204	1.648	0.831	0.245
120	1.034	0.510	0.174	1.137	0.582	0.205	1.649	0.838	0.246
125	1.035	0.512	0.175	1.138	0.592	0.205	1.650	0.844	0.246
130	1.035	0.517	0.174	1.138	0.595	0.205	1.651	0.842	0.246
135	1.035	0.520	0.174	1.139	0.599	0.205	1.651	0.842	0.246
140	1.036	0.523	0.174	1.139	0.602	0.205	1.652	0.843	0.246
145	1.036	0.524	0.174	1.139	0.602	0.205	1.652	0.843	0.246
150	1.036	0.524	0.176	1.139	0.602	0.205	1.652	0.843	0.246
155	1.036	0.524	0.177	1.140	0.602	0.205	1.653	0.843	0.246
160	1.036	0.524	0.178	1.140	0.602	0.205	1.653	0.843	0.246
165	1.037	0.524	0.179	1.140	0.603	0.205	1.653	0.844	0.246
170	1.037	0.524	0.179	1.140	0.603	0.205	1.654	0.844	0.246
175	1.037	0.524	0.177	1.141	0.603	0.205	1.654	0.844	0.246
180	1.037	0.525	0.177	1.141	0.603	0.205	1.654	0.845	0.246
185	1.038	0.525	0.177	1.139	0.604	0.205	1.655	0.845	0.247
190	1.038	0.525	0.177	1.142	0.604	0.206	1.656	0.846	0.247
195	1.039	0.525	0.175	1.143	0.604	0.206	1.657	0.846	0.247

（续　表）

加载次数	行车速度 /（m/s）								
	2.4			3.0			4.0		
	路基深度 /cm			路基深度 /cm			路基深度 /cm		
	15	45	85	15	45	85	15	45	85
200	1.039	0.525	0.178	1.143	0.604	0.206	1.657	0.846	0.247
205	1.040	0.525	0.178	1.144	0.604	0.206	1.658	0.846	0.247
210	1.040	0.525	0.174	1.144	0.602	0.206	1.659	0.846	0.247
215	1.040	0.526	0.175	1.144	0.604	0.206	1.659	0.846	0.247
220	1.041	0.526	0.175	1.145	0.605	0.206	1.660	0.846	0.247
225	1.041	0.525	0.174	1.145	0.604	0.206	1.660	0.846	0.247
230	1.042	0.526	0.175	1.146	0.605	0.206	1.661	0.846	0.247
235	1.043	0.527	0.175	1.147	0.605	0.206	1.663	0.846	0.248
240	1.043	0.529	0.175	1.147	0.605	0.206	1.663	0.847	0.248
245	1.044	0.529	0.175	1.148	0.605	0.207	1.665	0.848	0.248
250	1.044	0.530	0.175	1.149	0.606	0.207	1.665	0.848	0.248
255	1.044	0.528	0.175	1.149	0.608	0.207	1.666	0.851	0.248
260	1.045	0.531	0.175	1.149	0.610	0.207	1.666	0.854	0.248
265	1.045	0.531	0.175	1.150	0.611	0.207	1.667	0.855	0.248
270	1.046	0.532	0.175	1.150	0.611	0.207	1.668	0.859	0.248
275	1.046	0.535	0.176	1.151	0.615	0.207	1.669	0.861	0.249
280	1.047	0.535	0.176	1.152	0.619	0.207	1.670	0.863	0.249
285	1.048	0.537	0.176	1.152	0.621	0.207	1.671	0.864	0.249
290	1.049	0.538	0.176	1.153	0.619	0.208	1.673	0.866	0.249
295	1.049	0.538	0.175	1.155	0.620	0.208	1.674	0.861	0.249
300	1.049	0.538	0.176	1.156	0.619	0.208	1.676	0.866	0.250

（2）$P = 39.4$ kPa

加载次数	行车速度 /（m/s）								
	2.4			3.0			4.0		
	路基深度 /cm			路基深度 /cm			路基深度 /cm		
	15	45	85	15	45	85	15	45	85
5	0.483	0.204	0.078	0.540	0.284	0.146	0.741	0.295	0.085
10	0.816	0.292	0.119	0.907	0.401	0.243	1.174	0.450	0.158
15	1.117	0.370	0.156	1.163	0.507	0.292	1.454	0.535	0.217
20	1.262	0.417	0.184	1.410	0.595	0.307	1.742	0.618	0.252
25	1.371	0.479	0.208	1.621	0.650	0.328	2.043	0.671	0.281
30	1.408	0.525	0.233	1.700	0.688	0.341	2.226	0.706	0.313
35	1.449	0.580	0.256	1.749	0.708	0.348	2.340	0.733	0.331
40	1.475	0.616	0.274	1.800	0.721	0.351	2.412	0.748	0.345
45	1.506	0.639	0.281	1.850	0.723	0.352	2.463	0.758	0.358
50	1.530	0.644	0.284	1.886	0.730	0.357	2.483	0.769	0.367
55	1.552	0.650	0.287	1.951	0.734	0.359	2.493	0.780	0.372
60	1.571	0.657	0.289	2.043	0.738	0.364	2.508	0.792	0.377
65	1.594	0.657	0.290	2.125	0.738	0.368	2.520	0.797	0.381
70	1.602	0.660	0.292	2.154	0.745	0.370	2.539	0.806	0.390
75	1.618	0.663	0.292	2.171	0.752	0.374	2.553	0.819	0.392
80	1.629	0.663	0.293	2.200	0.756	0.374	2.560	0.823	0.394
85	1.638	0.667	0.295	2.221	0.760	0.376	2.567	0.827	0.395
90	1.649	0.668	0.295	2.208	0.764	0.379	2.576	0.836	0.392
95	1.668	0.670	0.296	2.220	0.770	0.379	2.590	0.835	0.393
100	1.680	0.675	0.298	2.242	0.772	0.383	2.616	0.841	0.397
105	1.688	0.677	0.299	2.245	0.773	0.383	2.619	0.844	0.396

（续 表）

加载次数	行车速度 /（m/s）								
	2.4			3.0			4.0		
	路基深度 /cm			路基深度 /cm			路基深度 /cm		
	15	45	85	15	45	85	15	45	85
110	1.708	0.680	0.301	2.259	0.775	0.385	2.635	0.844	0.398
115	1.715	0.682	0.301	2.255	0.776	0.385	2.631	0.848	0.399
120	1.731	0.687	0.304	2.260	0.779	0.386	2.637	0.849	0.400
125	1.747	0.688	0.304	2.265	0.782	0.388	2.642	0.852	0.401
130	1.745	0.692	0.306	2.266	0.786	0.387	2.643	0.854	0.400
135	1.759	0.694	0.304	2.272	0.789	0.389	2.650	0.854	0.402
140	1.763	0.696	0.305	2.281	0.792	0.390	2.661	0.857	0.403
145	1.769	0.698	0.306	2.288	0.793	0.391	2.669	0.858	0.404
150	1.775	0.699	0.307	2.287	0.798	0.391	2.668	0.861	0.405
155	1.772	0.699	0.306	2.294	0.799	0.393	2.676	0.865	0.407
160	1.776	0.701	0.308	2.298	0.804	0.394	2.680	0.867	0.408
165	1.783	0.702	0.308	2.300	0.811	0.395	2.683	0.870	0.409
170	1.792	0.702	0.309	2.301	0.813	0.396	2.685	0.873	0.410
175	1.794	0.705	0.309	2.306	0.817	0.396	2.690	0.874	0.410
180	1.791	0.706	0.312	2.307	0.819	0.397	2.691	0.875	0.411
185	1.794	0.708	0.312	2.314	0.822	0.399	2.700	0.885	0.413
190	1.801	0.708	0.313	2.313	0.823	0.400	2.698	0.887	0.414
195	1.806	0.711	0.315	2.314	0.824	0.399	2.700	0.889	0.413
200	1.808	0.713	0.315	2.319	0.826	0.401	2.705	0.891	0.415
205	1.818	0.718	0.318	2.321	0.829	0.401	2.708	0.894	0.415
210	1.815	0.722	0.321	2.325	0.829	0.402	2.712	0.894	0.416

（续　表）

加载次数	行车速度 / (m/s)								
	2.4			3.0			4.0		
	路基深度 /cm			路基深度 /cm			路基深度 /cm		
	15	45	85	15	45	85	15	45	85
215	1.823	0.725	0.321	2.322	0.829	0.402	2.709	0.896	0.416
220	1.826	0.725	0.320	2.325	0.831	0.404	2.712	0.897	0.418
225	1.825	0.727	0.321	2.328	0.834	0.405	2.716	0.897	0.419
230	1.834	0.727	0.321	2.332	0.834	0.405	2.720	0.901	0.419
235	1.834	0.728	0.322	2.334	0.836	0.406	2.723	0.903	0.420
240	1.834	0.729	0.322	2.334	0.838	0.406	2.723	0.905	0.420
245	1.834	0.731	0.323	2.340	0.839	0.407	2.730	0.906	0.421
250	1.835	0.731	0.323	2.342	0.838	0.407	2.733	0.903	0.421
255	1.836	0.732	0.324	2.342	0.841	0.408	2.733	0.908	0.422
260	1.836	0.732	0.324	2.347	0.846	0.410	2.738	0.908	0.425
265	1.836	0.732	0.324	2.345	0.849	0.410	2.735	0.908	0.424
270	1.838	0.733	0.324	2.347	0.849	0.410	2.738	0.915	0.425
275	1.839	0.733	0.324	2.352	0.848	0.410	2.744	0.915	0.425
280	1.842	0.734	0.325	2.352	0.853	0.413	2.744	0.917	0.428
285	1.842	0.735	0.325	2.352	0.852	0.413	2.744	0.914	0.428
290	1.845	0.735	0.325	2.355	0.856	0.415	2.748	0.917	0.429
295	1.846	0.735	0.325	2.354	0.861	0.416	2.746	0.915	0.431
300	1.845	0.736	0.325	2.356	0.864	0.415	2.749	0.916	0.430

（3） $P = 57.0 \text{ kPa}$

加载次数	行车速度 / (m/s)								
	2.4			3.0			4.0		
	路基深度 /cm			路基深度 /cm			路基深度 /cm		
	15	45	85	15	45	85	15	45	85
5	0.537	0.294	0.194	0.800	0.471	0.217	0.704	0.385	0.216
10	0.880	0.487	0.268	1.375	0.637	0.340	1.387	0.681	0.372
15	1.210	0.646	0.322	1.832	0.718	0.396	1.961	0.884	0.518
20	1.440	0.731	0.369	2.021	0.773	0.439	2.201	1.003	0.587
25	1.720	0.772	0.411	2.116	0.804	0.469	2.325	1.115	0.640
30	1.936	0.793	0.427	2.187	0.836	0.492	2.435	1.201	0.672
35	2.010	0.812	0.444	2.253	0.872	0.510	2.520	1.283	0.696
40	2.061	0.833	0.455	2.273	0.898	0.512	2.602	1.305	0.705
45	2.116	0.846	0.476	2.318	0.913	0.516	2.634	1.318	0.709
50	2.161	0.865	0.488	2.318	0.922	0.521	2.663	1.330	0.711
55	2.189	0.865	0.497	2.384	0.947	0.529	2.669	1.335	0.715
60	2.214	0.876	0.499	2.389	0.958	0.533	2.684	1.344	0.716
65	2.246	0.875	0.501	2.424	0.977	0.538	2.691	1.345	0.722
70	2.274	0.880	0.504	2.490	0.990	0.545	2.701	1.345	0.726
75	2.286	0.886	0.507	2.500	1.003	0.549	2.700	1.350	0.729
80	2.304	0.890	0.509	2.505	1.030	0.558	2.719	1.360	0.734
85	2.320	0.893	0.514	2.515	1.048	0.563	2.720	1.360	0.735
90	2.341	0.898	0.518	2.535	1.065	0.569	2.736	1.368	0.739
95	2.355	0.904	0.520	2.576	1.082	0.576	2.749	1.375	0.742
100	2.366	0.909	0.526	2.596	1.094	0.578	2.762	1.381	0.746
105	2.380	0.916	0.531	2.596	1.100	0.581	2.787	1.394	0.753

（续 表）

加载次数	行车速度 /（m/s）								
	2.4			3.0			4.0		
	路基深度 /cm			路基深度 /cm			路基深度 /cm		
	15	45	85	15	45	85	15	45	85
110	2.409	0.930	0.537	2.611	1.102	0.582	2.794	1.397	0.754
115	2.426	0.935	0.541	2.621	1.103	0.587	2.824	1.412	0.763
120	2.436	0.944	0.545	2.636	1.103	0.590	2.837	1.418	0.766
125	2.449	0.948	0.548	2.649	1.107	0.592	2.851	1.425	0.770
130	2.472	0.951	0.552	2.653	1.112	0.594	2.855	1.427	0.771
135	2.473	0.952	0.552	2.662	1.103	0.593	2.865	1.432	0.773
140	2.483	0.957	0.550	2.676	1.103	0.595	2.880	1.440	0.778
145	2.487	0.961	0.551	2.688	1.113	0.599	2.893	1.446	0.781
150	2.490	0.961	0.554	2.701	1.112	0.600	2.906	1.453	0.785
155	2.491	0.961	0.554	2.714	1.107	0.600	2.920	1.460	0.789
160	2.495	0.966	0.553	2.722	1.112	0.602	2.929	1.465	0.791
165	2.501	0.964	0.554	2.738	1.118	0.606	2.946	1.473	0.795
170	2.502	0.966	0.554	2.747	1.118	0.607	2.956	1.478	0.798
175	2.507	0.966	0.555	2.755	1.125	0.609	2.965	1.482	0.800
180	2.511	0.970	0.555	2.768	1.120	0.610	2.979	1.489	0.804
185	2.504	0.973	0.555	2.787	1.122	0.612	2.999	1.499	0.810
190	2.507	0.977	0.554	2.799	1.122	0.613	3.012	1.506	0.813
195	2.509	0.975	0.554	2.807	1.120	0.614	3.020	1.510	0.816
200	2.504	0.976	0.554	2.808	1.123	0.615	3.022	1.511	0.816
205	2.514	0.981	0.555	2.814	1.122	0.614	3.028	1.514	0.818
210	2.520	0.985	0.556	2.825	1.122	0.616	3.039	1.520	0.821

（续 表）

加载次数	行车速度 /（m/s）								
	2.4			3.0			4.0		
	路基深度 /cm			路基深度 /cm			路基深度 /cm		
	15	45	85	15	45	85	15	45	85
215	2.536	0.987	0.558	2.826	1.113	0.614	3.041	1.520	0.821
220	2.542	0.989	0.560	2.833	1.113	0.615	3.048	1.524	0.823
225	2.548	0.996	0.562	2.836	1.118	0.617	3.052	1.526	0.824
230	2.553	0.996	0.564	2.842	1.122	0.619	3.058	1.529	0.826
235	2.558	1.001	0.567	2.846	1.125	0.620	3.062	1.531	0.827
240	2.562	1.008	0.569	2.852	1.132	0.622	3.068	1.534	0.828
245	2.565	1.010	0.574	2.855	1.137	0.624	3.072	1.536	0.830
250	2.568	1.010	0.575	2.853	1.140	0.624	3.070	1.535	0.829
255	2.570	1.011	0.576	2.861	1.137	0.625	3.079	1.539	0.831
260	2.564	1.014	0.577	2.868	1.145	0.628	3.086	1.543	0.833
265	2.566	1.019	0.577	2.869	1.145	0.628	3.087	1.544	0.834
270	2.568	1.019	0.578	2.874	1.153	0.630	3.093	1.546	0.835
275	2.568	1.019	0.578	2.880	1.158	0.632	3.099	1.549	0.837
280	2.576	1.019	0.579	2.880	1.157	0.632	3.099	1.549	0.837
285	2.576	1.019	0.578	2.891	1.157	0.632	3.110	1.555	0.840
290	2.582	1.017	0.579	2.891	1.158	0.634	3.110	1.555	0.840
295	2.584	1.018	0.579	2.900	1.165	0.636	3.120	1.560	0.843
300	2.585	1.019	0.579	2.900	1.170	0.638	3.120	1.560	0.843

参考文献

[1] 陈冠雄，黄国宣，洪宝宁，等. 广东省高速公路软基处理实用技术 [M]. 北京：人民交通出版社，2005.

[2] 汤连生，廖化荣，刘增贤，等. 路基土动荷载下力学行为研究进展 [M]. 地质科技情报，2006，25(2): 103–112.

[3] 廖化荣. 红黏土路基循环动荷载下塑性力学行为及预测模型研究 [D]. 广州：中山大学，2004.

[4] Melan E. Theorie Statisch Unbestimmter Systeme Aus Ideal–Plastischen Baustoff [J]. Sitzungsbericht der Akademie der Wissenschaften (Wien), Abt. IIa, 1936(145): 195–218.

[5] Sharp R W, Booker J R. Shakedown of Pavements under Moving Surface Loads [J]. Journal of Transportation Engineering, ASCE, 1984(1): 1–14.

[6] Seed H B, Chan C K, Monismith C L. Effects of Repeated Loading on the Strength and Deformation of Compacted Clay [J]. HRB Proceedings, 1955(34): 541–558.

[7] Seed H B, Chan C K. An Effect of Stress History and Frequency of Stress Application on Deformation of Clay Subgrades under Repeated Loading [J]. HRB Proceeding, 1958(37): 555–575.

[8] Seed H B, Chan C K. Undrained Strength of Compacted Clays after Soaking [J]. Journal of Soil Mechanics and Foundation Engineering, ASCE, 1959, 85(5): 87–128.

[9] Seed H B, Chen C K, Lee C E. Resilience Characteristics of Subgrade Soils and Their Relation to Fatigue in Asphalt Pavement [M]. Proceedings, First International Conference on the Structural Design of Asphalt Pavement, University of Michigan, 1962: 611–636.

[10] Seed H B, Mitry F G, Monismith C L, et al. Prediction of Flexible Pavement Deflections from Laboratory Repeated–Load Tests [M]. NCHRP Report 35, Highway Research Board, 1967.

[11] Asphalt Institute. Thickness Design – Asphalt Pavement for Highways and Streets, Ninth [M]. The Asphalt Institute, Manual Series No.1 (MS–1), 1981.

[12] Robert P E, Norman D D, Qiu Y J. Permanent Deformation of Subgrade Soils Phase I: A Test Protocol [M]. MBTC FR–1069, 1998.

[13] Elliott R P, Thompson M R. Ailli–Pave Mechanistic Analysis of AASHO Road Test Flexible Pavements [M]. TRR 1043, TRB.Washington D. C. 1985.

[14] Elliott R P, Thornton S I. Simplification of Subgrade Resilient Modulus Testing [J]. Transportation Research Record, 1988(1192): 1–7.

[15] AASHTO. The AASHTO road test, report 5 [D]. Pavement Research, Special Report 73, Highway Research Board, 1962.

[16] AASHTO. Guide for Design of Pavement Structures [M]. American Association of State Highway and Transportation Officials. 1986.

[17] AASHTO. Designation: T274–82, Standard Method of Test for Resilient Modulus of Subgrade Soils [M]. American Association of State Highway and Transportation Officials, 1986.

[18] AASHTO. Designation: T292–91, Standard Method of Test for Resilient Modulus of Subgrade Soils and Untreated Base/Subbase Materials [M]. American Association of State Highway and Transportation Officials, 1992.

[19] AASHTO. Designation: T294–92, Standard Method of Test for Resilient Modulus of Unbound Granular Base/Subbase Materials and Subgrade Soils–SHRP Protocol [M]. American Association of State Highway and Transportation Officials, 1994.

[20] Drumm E C, Reeves J S, Madgett M R, et al. Subgrade Resilient Modulus Correction for Saturation Effects [J]. Journal of Geotechnical and Geoenvi– ronmental Engineering, ASCE, 1997, 123(7): 663–670.

[21] Fredlund D G, Berbergan A T. Relation Between Resilient Modulus and Stress Conditions for Cohesive Subgrade Soils [J]. Transportation Research Record, 1977(642): 73–81.

[22] Muhanna A S, Rahman M S, Lambe P C. Model for Resilient Modulus and Permanent Strain of Subgrade Soils [J]. Transportation Research Record, 1998(1619): 85–93.

[23] Muhanna A S, Rahman M S, Lambe P C. Resilient Modulus Measurement of Fine–Grained Subgrade Soils [J]. Transportation Research Record, 1999(1687): 3–12.

[24] Chen D H, Zaman M M, Laguro J G. Resilient Moduli of Aggregate Materials Variability Due to Testing Procedure and Aggregate Type [J]. Transportation Research Record, 1994(1462): 57–64.

[25] Ping W V, Yang Z. Experimental Verification of Resilient Deformation for Granular Subgrades [J]. Transportation Research Record, 1998(1639): 12–22.

[26] Muhanna A S. A Testing Procedure and a Model for Resilient Modulus and Accumulated Plastic Strain of Cohesive Subgrade Soils [M]. Ph.D. Dissertation. North Carolina State University, 1994.

[27] Kazuya Y, Toyotoshi Y, Kazutoshi H. Cyclic Strength and Deformation of Normally Consolidation Clay [J]. Soils and Foundations, 1982, 22 (3): 77–91.

[28] Raad L, Zeid B A. A Repeated Load Model for Subgrade Soils: Model Development [M]. TRR 1278, TRB, Washington D. C., 1990: 72–82.

[29] 钟辉虹，黄茂松，吴世明，等. 循环荷载作用下软黏土变形特性研究 [J]. 岩土工程学报，2002，24(5): 629–632.

[30] Elliott R P, Thornton S I. Resilient Modulus–what does it Mean [M]. Proceedings 37th Highway Geology Symposium, Helena, Montana, 1986: 283–301.

[31] Hyde A F L, Brown S F. The Plastic Deformation of a Silty Clay under Creep and Repeated Loading [J]. Geotechnique, 1976, 26 (1): 173–184.

[32] Raymond G P, Gaskin P N, Addo–Abedi F Y. Repeated Compressive Loading of Leda Clay [J]. Canadian Geotechnical Journal, 1979, 114 (1): 1–10.

[33] 蒋军. 循环荷载作用下黏土应变速率试验研究 [J]. 岩土工程学报，2002, 24 (4): 528–531.

[34] Terzaghi K. Theoretical Soil Mechanics [M]. New York: John Wiley and Sons Inc, 1943.

[35] Schiffman R L, Stein J R. One–Dimensional Consolidation of Layered Systems [J]. Journal of the Soil Mechanics and Foundation Division, ASCE, 1970, 96(4): 1499–1504.

[36] Alonso E E, Krizek R J. Randomness of Settlement Rate under Stochastic Load [J]. Journal of the Engineering Mechanics Division, ASCE, 1974, 100(6): 1211–1226.

[37] Baligh M M, Levdoux J N. Consolidation Theory for Cyclic Loading [J]. Journal of the Geotechnical Engineering Division, ASCE, 1978(104): 415–431.

[38] 吴世明，陈龙珠，杨丹. 周期荷载作用下饱和黏土的一维固结 [J]. 浙江大学学报，1988，22(5): 60–70.

[39] 谢康和，潘秋元. 变荷载下任意层地基一维固结理论 [J]. 岩土工程学报，1995，17(5): 80–85.

[40] Rahal M A, Veuz A R. Analysis of Settlement and Pore Pressure Induced by Cyclic Loading of Soil [J]. Journal of Geotechnical and Geoenvironmental Engineering, ASCE, 1998, 124(12): 1208–1210.

[41] 梁旭，蔡袁强，吴世明，等. 半透水边界饱和土层在循环荷载作用下的一维固结分

析 [J]. 水利学报，2002(7): 31–36.

[42] Elliot R P, Dennis N D, Qiu Y J. Permanent Deformation of Subgrade soils Phase I: A Test Protocol [M]. MBTC FR–1069, 1998.

[43] Elliot R P, Dennis N D, Qiu Y J. Permanent Deformation of Subgrade soils Phase II: Repeated Load Testing of Four Soild [M]. MBTC FR–1089, 1998.

[44] 刘元雪，郑颖人. 含主应力轴旋转的土体本构关系研究进展 [J]. 力学进展，2000, 30(4): 597–604.

[45] Yamada Y, Ishihara K. Undrained Deformation Characteristics of Sand in Multi–Directional Shear [J]. Soils and Foundations, 1983, 23(1): 61–79.

[46] 窦宜，段勇. 主应力方向偏转条件下黏性土的变形特性 [J]. 水利水运科学研究，1990(4): 351–366.

[47] 李锦坤，张慧. 应力劳台角对孔隙压力发展的影响 [J]. 岩土工程学报，1994，16(4): 17–23.

[48] Wong R K S, Arthor J R F. Sand Sheared by Stresses with Cyclic Variations in Direction [J]. Geotechnique, 1986, 36(2): 215–226.

[49] Hicher P, Lade P V. Rotation of Principal Directions in KO–Consolidation Clay [J]. Journal of Geotechnical Engineering, ASCE, 1987, 113(7): 774–788.

[50] Tatsuoka F, Sonoda S, et al. Failure and Deformation of Sand in Torsional Shear [J]. Soils and Foundations, 1986, 26(4): 79–97.

[51] Symes M T, Gens A, Hight D W. Drained Principal Stress Rotation in Saturated Sand [J]. Geotechnique, 1988, 38(1): 59–81.

[52] Lade P V. Elasto–Plastic Behavior of K_0–Consonilation Clays in Torsion Shear Tests [J]. Soils and Foundations, 1989, 29(2): 127–140.

[53] Shibuya S, Hight D W. Paterns of Cyclic Principal Stress Rotation and Liquefaction [M]. 2nd Int. Symp. on Numerical Models in Geotechnics, Ghent, 1986: 265–268.

[54] Ishihara K, Towhata I, Yamazaki A. Sand Liquefaction under Rotation of Principal Stress Axes [M]. 2nd Int. Symp. on Numerical Models in Geotechnics, Ghent, 1986: 1015–1018.

[55] Matsuoka H, Sakakihara K A. Constitutive Model for Sands and Clays Evaluating Principal Stress Rotation [J]. Soils and Foundations, 1987, 27(4): 73–88.

[56] Matsuoka H, Suzuki Y, et al. A Constitutive Model for Soils Evaluating Principal Stress Rotation and Its Application to Some Deformation Problems [J]. Soils and Foundations, 1990, 30(1): 142–154.

[57] Wijewickreme D, Vaid Y P. Behavior of Loose Sand under Simultaneous Increase in Stress Ratio and Principal Stress Rotation [J]. Canadian Geotechnical Journal, 1993(30): 953–964.

[58] 刘元雪，郑颖人. 考虑主应力轴旋转对土体应力应变关系影响的一种新方法 [J]. 岩土工程学报，1998，20 (2): 45–47.

[59] 刘元雪，郑颖人，陈正汉. 含主应力轴旋转的土一般应力应变关系 [J]. 应用数学和力学，1998，19 (5): 407–413.

[60] 刘元雪，郑颖人. 考虑主应力轴旋转对土体应力应变关系影响的一种新方法 [J]. 岩土工程学报，1998，20 (2): 45–47.

[61] 刘元雪，郑颖人. 应力洛德角变化影响的研究 [J]. 水利学报，1999(8): 6–10.

[62] 刘元雪，郑颖人. 含主应力轴旋转的广义塑性位势理论 [J]. 力学季刊，2000，21(1): 129–133.

[63] 刘元雪，郑颖人. 含主应力轴旋转的土体平面应变问题弹塑性数值模拟 [J]. 计算力学学报，2001，18(2): 239–241.

[64] Sivathayalan S, Vaid Y P. Truly Undrained Response of Granular Soils with No Membrane-Penetration Effects [J]. Canadian Geotechnical Journal, 1998(35): 730–739.

[65] Sivathayalan S, Vaid Y P. Influence of Generalized Initial State and Principal Stress Rotation on the Undrained Response of Sands [J]. Canadian Geotechnical Journal, 2002(39): 63–76.

[66] Akagi H, Yamamoto H. Stress-Dilatancy Relation of Undisturbed Clay under Principal Axes Rotation [M]. Deformation and Progressive Failure in Geomechanics, Edited by Akira Asaoka, et al, IS-NAGOYA'97, 1997: 211–216.

[67] Zdravkovic L, Potts D M, Hight D W. The Effect of Strength Anisotropy on the Behaviour of Embankments on Soft Ground [J]. Geotechnique, 2002, 52(6): 447–457.

[68] Arthur J R F, Chua K S, Dunstan T, et al. Principal Stress Rotation: A Missing Parameter [J]. Journal of the Geotechnial Engineering Division, ASCE, 1980, 106(4): 419–433.

[69] Vaid Y P, Sayao A, Hou E, et al. Generalized Stress Path Dependent Soil Behaviour with A New Hollow Cylinder Tortional Apparatus [J]. Canadian Geotechnical Journal, 1990(27): 601–616.

[70] Gräbe P J. Resilient and Permanent Deformation of Railway Foundations under Principal Stress Rotation [M]. Ph. D. Thesis, Southampton: University of Southampton, 2002.

[71] Towhata I, Ishihara K. Undrained Strength of Sand Undergoing Cyclic Rotation of Principal Stress Axes [J]. Soils and Foundations, 1985, 25(2): 135–147.

[72] Wong R K S, Arthur J R F. Induced and Inherent Anisotropy in Sand [J]. Geotechnique, 1985, 35(4): 471–481.

[73] Wong R K S, Arthur J R F. Sand Sheared by Stresses with Cyclic Variations in Direction [J]. Geotechnique, 1986, 36(2): 215–226.

[74] Sayao A, Vaid Y P. Discussion: Drained Principal Stress Rotation in Saturated Sand [J]. Geotechnique, 1989, 39(3): 549–552.

[75] Symes M J, Gens A, Hight D W. Drained Principal Stress Rotation in Saturated Sand [J]. Geotechnique, 1988, 38(1): 59–81.

[76] Hight D W, Gens A, Symes M J P R. The Development of a New Hollow Cylinder Apparatus for Investigating the Effects of Principal Stress Rotation in Soils [J]. Geotechnique, 1983, 33(4): 355–383.

[77] 沈瑞福, 王洪瑾, 周景星. 动主应力轴连续旋转下砂土的动强度 [J]. 水力学报, 1996(1): 27–33.

[78] 沈 扬, 周 建, 龚晓南. 空心圆柱仪 (HCA) 模拟恒定围压下主应力轴循环旋转应力路径能力分析 [J]. 岩土工程学报, 2006, 28 (3): 281 –287.

[79] 沈 扬, 周 建, 龚晓南. 主应力轴旋转对土体性状影响的试验进展研究 [J]. 岩石力学与工程学报, 2006, 25 (7): 1408–1416.

[80] 沈 扬, 周 建, 张金良, 等. 考虑主应力方向变化的原状黏土强度及超静孔压特性研究 [J]. 岩土工程学报, 2007, 29(6): 843–847.

[81] 张启辉, 赵锡宏. 主应力轴旋转对剪切带形成的影响分析 [J]. 岩土力学, 2000, 21(1): 32–35.

[82] 栾茂田, 许成顺, 何 杨, 等. 主应力方向对饱和松砂不排水单调剪切特性影响的试验研究 [J]. 岩土工程学报, 2006, 28(9): 85–89.

[83] 栾茂田, 许成顺, 郭 莹, 等. 静力与动力组合应力条件下饱和松砂变形特性的试验研究 [J]. 土木工程学报, 2005, 38(3): 81–86, 93.

[84] 史宏彦, 谢定义, 汪闻韶. 平面应变条件下主应力轴旋转产生的应变 [J]. 岩土工程学报, 2001, 23(2): 162–166.

[85] 谢定义, 张建民. 饱和砂土瞬态动力学特性与机理分析 [M]. 西安: 陕西科学技术出版社, 1995.

[86] Seed H B, Idriss I M. Pore–Water Pressure Changes During Soil Liquefaction [J]. Journal of the Geotechnical Engineering Division, ASCE, 1976, 102(4): 323–346.

[87] Finn W D L, Lee K W, Martin G R. An Effective Stress Model for Liquefaction [J]. Journal

of the Geotechnical Engineering Division, ASCE, 1977, 103(6): 517–534.

[88] 何广讷. 砂土振动孔隙水压力的研究 [J]. 水利学报，1983(8): 49–54.

[89] 何 杨. 三维应力条件下饱和松砂孔隙水压力增长特性的试验研究 [D]. 大连：大连理工大学，2004.

[90] 龚晓南. 土工计算机分析 [M]. 北京：中国建筑工业出版社，1999.

[91] Martin G R, Finn W D L, Seed H B. Fundamentals of Liquefaction under Cyclic Loading [J]. Journal of the Geotechnical Engineering Division, ASCE, 1975, 101(GT5): 423–438.

[92] 汪闻韶. 饱和砂土振动孔隙水压力试验研究 [J]. 水利学报，1962(2): 37–47.

[93] 谢定义，张建民. 往返荷载下饱和砂土强度变形瞬态变化机理 [J]. 土木工程学报，1987，20(3): 59–72.

[94] 沈瑞福，王洪瑾，周克骥，等. 动主应力旋转下砂土孔隙水压力发展及海床稳定性判断 [J]. 岩土工程学报，1994，16(3): 70–78.

[95] 周 建. 饱和软黏土循环变形的弹塑性研究 [J]. 岩土工程学报，2000，22(4): 499–502.

[96] 周 建，龚晓南，李建强. 循环荷载作用下饱和软黏土特性试验研究 [J]. 工业建筑，2000，30(11): 43–47，4.

[97] Nemat S, Shokooh A. A Unified Approach to Destination and Liquefaction of Cohesionless Sand in Cyclic Shearing [J]. Journal of Canadian Geotech., 1979, 16 (4): 659–678.

[98] Davis R O, Berrill J B. Energy Dissipation and Seismic Liquefaction in Sands [J]. Earthquake Engineering and Structural Dynamics, 1982, 10(1): 117–129.

[99] 曹亚林，何广讷，林 皋. 土中振动孔隙水压力增长程度的能量分析法 [J]. 大连工学院学报，1987，26(3): 83–88.

[100] 何广讷，曹亚林. 饱和无黏性土动力反应的能量分析原理与方法 [J]. 土木工程学报，1990，23(3): 4–12.

[101] Ishihara K, Tatsuoka F, Yasuda S. Undrained Deformation and Liquefaction of Sand under Cyclic Stresses [J]. Soils and Foundations, 1975, 15 (1): 29–44.

[102] 刘汉龙，余湘娟. 土动力学与岩土地震工程研究进展 [J]. 河海大学学报，1999，27(1): 6–15.

[103] Finn W D L, Bhatia S K. Verification of Non–liner Effective Stress Model in Simple Shear [M]. In: Proceedings of ASCE Fall Meeting, Hollywood–by–the SeaFlorida, 1980.

[104] 徐杨青，郭见扬. 波浪荷载下海洋土孔隙水压力内时模型的研究 [J]. 岩土力学，1991，12(3): 43–52.

[105] 徐干成，谢定义. 一个新的内时参量动孔压模型及其适应性研究 [J]. 水利学报，

1995，17(12): 39-53.

[106] 谢定义，张建民. 周期荷载下饱和砂土强度变形瞬态孔隙水压力的变化机理与计算模型 [J]. 土木工程学报，1990(5): 564-572.

[107] 谢定义，张建民. 饱和砂土瞬态动力学特性与机理分析 [M]. 西安：陕西科学技术出版社，1995.

[108] Ishihara K, Towhata I. Sand Response to Cyclic Rotation of Principal Stress Directions as Induced by Wave Loads [J]. Soils and Foundations, 1983, 23(4): 11-26.

[109] Symes M J, Gens A, Hight D W. Undrained Anisotropy and Principal Stress Rotation in Saturated Sand [J]. Geotechnique, 1984, 34(1): 11-27.

[110] 付 磊，王洪瑾，周景星. 主应力偏转角对沙砾料动力特性影响的试验研究 [J]. 岩土工程学报，2000，22(4): 435-440.

[111] 郭 莹，栾茂田，何杨，等. 复杂应力条件下饱和松砂孔隙水压力增长特性的试验研究 [J]. 地震工程与工程振动，2004，24(3): 139-144.

[112] 郭 莹，栾茂田，何杨，等. 主应力方向循环变化对饱和松砂不排水动力特性的影响 [J]. 岩土工程学报，2005，27(4): 403-409.

[113] Shibuya S, Hight D W. Predictions of Pore Pressure under Undrained Cyclic Principal Stress Rotation [M]. International Conference on Soil Mechanics and Foundation Engineering, 1989: 123-126.

[114] 沈 扬. 考虑主应力方向变化的原状软黏土试验研究 [D]. 杭州：浙江大学，2007.

[115] Parry R H, Amerasingh S F. Compents of Deformation in Clays [M]. In: Proc. Symp. Plasticity and Soil Plasticity, Cambridge, 1973.

[116] Hardin B O, Drnevich V P. Shear Modulus and Damping in Soils: Measurement and Parameter Effects [J]. Journal of the Soil Mechanics and Foundation Engineering Division, 1972, 98(6): 603-624.

[117] Ramberg W, Osgood W R. Description of Stress Strain Curves by Three Parameters [M]. Technical note 902, National Advisory Committee for Aeronautics, Washington, D.C, 1943.

[118] Martin G R, Finn W D L, Seed H B. Effects of System Compliance on Liquefaction Tests [J]. Journal of Geotechnical Engineering Division, 1978, 104(4): 463-480.

[119] 沈珠江. 一个计算砂土液化变形的等价粘弹性模型 [M]. 第四届全国土力学及基础工程学术会议论文集，北京：建筑工业出版社，1986: 199-207.

[120] 陈生水，沈珠江. 钢筋混凝土面板堆石坝的地震永久变形分析. 岩土工程学报，1990，12(3): 66-72.

[121] Drucker D C, Prager W. Soil Mechanics and Plastic Analysis or Limit Design [J]. Journal of Applied Mechanics, 1952(10): 157–165.

[122] 张克绪，李明宰，王治琨. 基于非曼辛准则的土动弹塑性模型 [J]. 地震工程与工程振动，1997，17(2): 74–80.

[123] Ramsamooj D V, Alwash A J. Model Prediction of Cyclic Response of Soils [J]. Journal of Geotechnical Engineering, 1990, 116(7): 1053–1072.

[124] Bonaquist R, Witczak M W. A Plasticity Modeling Applied to the Pavement Deformation Response of Granular Materials in Flexible Pavement Systems [J]. TRB, Washington D. C. 1996, TRR 1540: 7–14.

[125] Ge Y N. Constitutive Behavior of Granular Materials at Low Confining Stresses [M]. Ph.D. Thesis Proposal. Department of Civil, Environmental, and Architectural Engineering, University of Colorado at Boulder, 2002.

[126] Dafalias Y F, Popov E P. A Model of Nonlinearly Hardening Materials for Complex Loading [J]. Acta Mechanica, 1975(21): 173–192.

[127] Bardet J P. Bounding Surface Plasticity Model for Sands [J]. Journal of Engineering Mechanics, ASCE, 1985, 112 (11): 1198–1217.

[128] Wiermanna C, Wayb T R, Horna R, et al. Effect of Various Dynamic Loads on Stress and Strain Behavior of a Norfolk Sandy Loam [J]. Soil and Tillage Research, 1999(50): 127–135.

[129] Desai C S. A Consistent Finite Element Technique for Work Softening Behavior [M]. Proc. Int. Conf. on Computer Methods in Nonlinear Mechanics, University of Texas, Austin, TX, 1974.

[130] Shao C, Desai C S. Implementation of DSC Model and Application for Analysis of Field Pile Tests under Cyclic Loading [J]. Int. J. Numer. Anal. Mech. Geomech, 2000(24): 601–624.

[131] Hyodo M, Yasuhara K, Hirao K. Prediction of Clay Behaviour in Undrained and Partially Drained Cyclic Triaxial Tests [J]. Soils and Foundations, 1992, 32(4): 117–127.

[132] Hyodo M, Tanimizu H, Yasufuku N, et al. Undrained Cyclic and Monotonic Triaxial Behaviour of Saturated Loose Sand [J]. Soils and Foundations, 1994, 34(1): 19–32.

[133] 谢定义. 土动力学 [M]. 西安 : 西安交通大学出版社，1988: 203–224.

[134] 徐干成，谢定义，郑颖人. 饱和砂土循环动应力应变特性的弹塑性模拟研究 [J]. 岩土工程学报，1995，17 (2): 1–12.

[135] 要明伦，聂栓林．饱和软黏土动变形计算的一种模式 [J]．水利学报，1994(7): 51–55.

[136] 章克凌，陶振宇．饱和黏土在循环荷载作用下的孔压预测 [J]．岩土力学，1994，15(3): 9–17.

[137] 蔡袁强，徐长节，丁狄刚．循环荷载下成层饱水地基的一维固结 [J]．振动工程学报，1998，11(2): 184–193.

[138] 许才军，周红波．不排水循环荷载作用下饱和软黏土底孔压增长模型 [J]．勘查科学技术，1998(1): 3–7.

[139] 蒋 军,朱向荣．不排水循环荷载作用下含砂芯黏土复合土样性状研究[J]．水利学报，2001(12): 62–67.

[140] 李世壮．车辆荷载作用下复合路基的沉降研究 [J]．长春工程学院学报 (自然科学版)，2002，3(2): 26–28.

[141] 周志斌．车辆载荷作用下路基土的变形特性 [J]．浙江工业大学学报，2002，30(2): 184–188.

[142] 徐建平，谢伟平．典型动力荷载作用下的应力路径及土动力分析方法 [J]．华中科技大学学报 (城市科学版)，2002，19(2): 42–45.

[143] 刘公社，巫志辉．动荷载下饱和黄土的孔压演化规律及其在地基动力分析中的应用 [J]．工业建筑，1994(3): 40–44，18.

[144] 曹新文，蔡 英．铁路路基动态特征性的模型试验研究 [J]．西南交通大学学报，1996，31(1): 36–41.

[145] 陈存礼，谢定义．动荷载作用下强度发挥面和空间强度发挥面上砂土的应力应变关系的研究 [J]．岩石力学与工程学报，2000，19(6): 770–774.

[146] 凌建明，王伟，邬洪波．行车荷载作用下湿软路基残余变形的研究 [J]．同济大学学报（自然科学版）， 2002，30(11): 1315–1320.

[147] 陈颖平，黄博，陈云敏．循环荷载作用下结构性软黏土的变形和强度特性 [J]．岩土工程学报，2005，27(9): 1065–1071.

[148] 刘元雪．含主应力轴旋转的土体一般应力应变关系 [D]．重庆 : 后勤工程学院，1997.

[149] Mroz Z. On the Description of Anisotropic Workhardening [J]. J. Mech. Physics Solids, 1967(15): 163–175.

[150] Provest J H. Mathematical Modeling of Monotonic and Cyclic Undrained Clay Behavior [J]. Int. J. Num. Meth. Geomech, 1977, 1(2): 195–216.

[151] Mroz Z, Norris V A, Zienkiewicz O C. Anisotropic Hardening Model for Soils and Its Application to Cyclic Loading [J]. International Journal for Numerical and Analytical Methods in Geomechanics, 1978, 2(3): 203–221.

[152] Vermeer P A. A Simple Shear–band Analysis Using Compliances [M]. In Deformation and failure of granular materials, IUTAM Symposium, Delft (ed. Vermeer P. A. & Luger H. J.), Rotterdam: Balkema, 1982: 493–499.

[153] Mould J C, Sture S, Ko H Y. Modeling of Elastic–Plastic Anisotropic Hardening and Rotating Principal Stress Directions in Sand. Anon [M]. Proceedings, International Union of Theoretical and Applied Mechanics (IUTAM) Symposium on Deformation and Failure of Granular Materials, Delft. [S. l.], the Netherlands: A. A. Balkema Press, 1982: 431–439.

[154] Anandarajah P A. Granular Material Model Based on Associated Flow Rule Applied to Monotonic Loading Behavior [J]. Soils and Foundations, 1994, 34(3): 81–98.

[155] Wood D M, Belkheir K, Liu D F. Strain Softening and State Parameter for Sand Modelling VB. Geotechnique, 1994, 44(2): 335–339.

[156] Manzari M T, Dafalias Y F. A Critical State Two–Surface Plasticity Model for Sands [J]. Geotechnique, 1997, 47(2): 255–272.

[157] Getierrez M, Ishihara K, Towhata I. Model for the Deformation of Sand during Rotaion of Principal Stress Directions [J]. Soils and Foundations, 1993, 33(3): 105–117.

[158] Nakai T, Fujii J, Taki H. Kinematic of an Isotropic Hardening Model for Sand. Proc [M]. and Int. Conf. on Constitutive Laws for Engineering Materials, 1991: 36–45.

[159] Nakai T, Hoshikawa T. Kinematic Hardening Models for Clay in Three–Dimensional Stresses [M]. Computer Methods and Advances in Geomechanics, 1991: 655–660.

[160] Nakai T, Matsuoka H A. Generalized Elastoplastic Constitutive Model for Clay in Three–Dimensional Stresses [J]. Soils and Foundations, 1986, 26(3): 81–98.

[161] Dluzewski J M, Winnicki L A. Loading Path Dependent Behavior of Sand [M]. 2nd Int. Symp. on Numerical Models in Geomechanics, Ghent, 1986. 105–113.

[162] Vaid Y P, Sayao A. Proportional Behavior of Sand Under Multiaxials Stresses [J]. Soils and Foundations, 1995, 35(3): 23–29.

[163] Chu J, Lo S C R. Asymptotic Behavior of a Granular Soil in Strain Path Testing [J]. Geotechnique, 1994, 44(1): 65–82.

[164] Krieg R D. A practical Two Surface Plasticity Theory [J]. J. Appl. Mech., ASME, 1975(42): 641–646.

[165] Dafalias Y F. Bounding Surface Plasticity (Ⅰ): Mathematical for Mulation and Hypoplasticity [J]. J. Engng. Mech., ASCE, 1986, 112(9): 966–987.

[166] Mroz Z, Norris V A, Zienkiewicz O C. Application of an Anisotropic Hardening Model in the Analysis of Elasto–plastic Deformation Soils [J]. Geotechnique, 1979, 29(1): 1–34.

[167] Gutierrez M, Ishihara K, Towhata I. Flow Theory for Sand during Rotation of Principal Stress Direction [J]. Soils and Foundations, 1991, 31(4): 121–132.

[168] Gutierrez M, Ishihara K, Towhata I. Model for the Deformation of Sand during Rotaion of Principal Stress Directions [J]. Soils and Foundations, 1993, 33(3): 105–117.

[169] Provest J H. Plasticity Theory for Soils Stress–Strain Behavior [J]. J. Engng. Mech. Div., 1978, 104(5): 1177–1196.

[170] Roscoe K H, Burland J B. On the Generalized Stress–strain Behavior of Wet Clay [M]. Engineering Plasticity, London: Cambridge University Press, 1968: 535–609.

[171] 王建华，要明伦. 软黏土不排水循环特性的弹塑性模拟 [J]. 岩土工程学报，1996，18(3): 11–18.

[172] 徐干成. 饱和砂土循环动应力应变特性的弹塑性模拟研究 [J]. 岩土工程学报，1995，17(2): 1–12.

[173] 庄海洋，陈国兴，朱定华. 土体动力粘塑性记忆型嵌套面本构模型及其验证 [J]. 岩土工程学报，2006，28(10): 1267–1272.

[174] Matsuoka H. Stress Strain Relationship of Sand Based on Themobilized Plane [J]. Soils and Foundations, 1974, 14(2): 47–61.

[175] Li D, Selig E T. Resilient Modulus for Fine–grained Subgrade Soils [J]. Journal of Geotechnical and Geoenvironmental Engineering, ASCE, 1994, 120(6): 939–957.

[176] Li D, Selig E T. Cumulative Plastic Deformation for Fine–grained Subgrade Soils [J]. Journal of Geotechnical and Geoenvironmental Engineering, ASCE, 1996, 122(12): 1006–1013.

[177] Chai J C, Miura N, et al. Traffic–load–induced Permanent Deformation of Road on Soft Subsoil [J]. Journal of Geotechnical and Geoenvironmental Engineering, ASCE, 2002, 128(11): 907–916.

[178] Ge Y N, Sture S. A Cyclic Constitutive Model for Granular Materials [M]. The 15th ASCE Engineering Me–Chanics Conference, New York City, 2002.

[179] Abdelkrim M, De B P, Bonnet G. A Computational Procedure for Predicting the Long Term Residual Settlement of a Platform Induced by Repeated Traffic Loading [J]. Computers and

Geotechnics, 2003(30): 463–476.

[180] Suiker A S J. The Mechanical Behavior of Ballasted Railway Tracks [M]. Ph.D. Thesis, University of Delft, Delft, the Netherlands, 2002.

[181] Suiker A S J, de Borst R. A Numerical Model for the Cyclic Deterioration of Railway Tracks [J]. International Journal for Numerical Methods In Engineering, 2003(57): 441–470.

[182] Habiballah T, Chazallon C. An Elastoplastic Model Based on the Shakedown Concept for Flexible Pavements Unbound Granular Materials [J]. Int. J. Numer. Anal. Meth. Geomech., 2005(29): 577–596.

[183] Lemaitre J, Chaboche J L. Mechanics of Solid Materials [M]. Cambridge University Press, Cambridge, 1990.

[184] Peelings R H J, Brekelmans W A M, de Borst R, et al. Gradient–enhanced Damage Modeling of High–cycle Fatigue [J]. Int. J. Num. Meth. Engng., 2000(49): 1547–1569.

[185] 张宏博. 长期往复荷载作用下无黏性材料累积变形研究 [D]. 上海：同济大学，2006.

[186] Larew H G, Leonards G A. A Strength Criterion for Repeated Loads [J]. Proceedings of Highway Research Board, 1962(41): 529–556.

[187] Gaskin P N, Raymond G P, Addo–Abedi F Y. Repeated Compressive Loading of Sand [J]. Canadian Geotechnical Journal, 1979, 16(4): 798–802.

[188] Brown S F, Lashine A K F, Hyde A F L. Repeated Load Triaxial Testing of Silty Clay [J]. Geotechnique, 1975, 25(1): 95–114.

[189] Brown S F, Hyde A F L. A Significance of Cyclic Confining Stress in Repeated–Load Triaxial Testing of Granular Material [J]. Transportation Research Record. Transportation Research Board, Washington, D.C. 1975(537): 49–58.

[190] Werkmeister S, Dawson A R, Wellner F. Permanent Deformation Behavior of Unbound Granular Materials and the Shakedown Concept [J]. Journal of Transportation Research Board, Geomaterials, 2001(1757): 75–81.

[191] Werkmeister S, Numrich R, Dawson A R, et al. Deformation Behaviour of Granular Materials under Repeated Dynamic Load [J]. Environmental Geomechanics–Monte Verit à , 2002(2): 1–9.

[192] Mitchell R J, King R D. Cyclic Loading of an Ottawa Area Champian Sea Clay [J]. Canadian Geotechnical Journal, 1976(14): 52–63.

[193] Raymond G P, Gaskin P N, Addo-Abedi F Y. Repeated Compressive Loading of Leda Clay [J]. Canadian Geotechnical Journal, 1979, 16(1): 1-10.

[194] 杨树荣. 路基土壤反复载重下之回弹与塑性行为及模式建构 [D]. 中国台北: 国立中央大学土木工程研究所, 2002.

[195] 廖化荣, 汤连生, 刘增贤, 等. 循环荷载下路基红黏土临界应力水平分析 [J]. 岩土力学, 2009.（待刊）

[196] Sneddon I N. The Stress Produced by a Pulse of Pressure Moving along the Surface of a Semi-infinite Solid [J]. Rend Circ. Math. Palermo, 1952(2): 57-62.

[197] Cole J, Huth J. Stresses Produced in a Half-space by Moving Loads [J]. Journal of Applied Mechanics, Transactions of the ASME, 1958(25): 433-436.

[198] Eason G. The Stresses Produced in a Semi-infinite Solid by a Moving Surface Force [J]. International Journal of Engineering Science, 1965(2): 581-609.

[199] Lansing D L. The Displacements in an Elastic Half-space due to a Moving Concentrated Normal Load [M]. NASA Technical Report, TR R-238, 1966.

[200] Hyodo M, Yasuhara M. Analytical Procedure for Evaluating Pore-water Pressure and Deformation of Saturated Clay Ground Subjected to Traffic Loads [M]. Proceedings of the Sixth International Conference on Numerical Methods in Geomechanics, Innsbruck, 1988: 653-658.

[201] 蔡袁强, 孟楷, 徐常节. 饱和地基在轴对称力荷载下的振动分析 [J]. 水利学报, 2004(9): 76-77.

[202] 王常晶, 陈云敏. 列车荷载在地基中引起的应力响应分析 [J]. 岩石力学与工程学报, 2005, 24(7): 1178-1186.

[203] Reid H F. The Mechanics of the Earthquake: the California Earthquake of April, 18, 1906 [M]. Report of the State Investigation Commission, v.2, Carnegie Institution of Washington, 1910.

[204] Bowman D D, Sammis C G. Intermittent Criticality and the Gutenberg‐Richter Distribution [J]. Pure Appl. Geophys, 2004(161): 1945-1956.

[205] Bowman D D, Ouilon G, Sammis C G, et al. An Observational Test of the Critical Earthquake Concept [J]. J. Geophys. Res. 1998, 103(24): 359-24, 372.

[206] Bowman D D, King G C P. Accelerating Seismicity and Stress Accumulation before Large Earthquakes [J]. Geophys. Res. Lett. 2001a, 28 (21): 4039-4042.

[207] Bowman D D, King G C P. Stress Transfer and Seismicity Changes before Large

Earthquakes [J]. C. R. Acad. Sci. Paris. 2001b, 333: 591–599.

[208] King G C P, Bowman D D. The Evolution of Regional Seismicity between Large Earthquakes [J]. J. Geophys. Res., 2003, 108 (B2): 1–16.

[209] 汤连生，张庆华，尹敬泽，等. 交通荷载下路基土动应力应变累积的特性 [J]. 中山大学学报（自然科学版），2007，46(6): 143–144.

[210] 张庆华. 交通荷载下路基土应力—应变量化模型及工后沉降预测研究 [D]. 广州：中山大学，2007.

[211] 龚晓南. 高速公路软弱地基处理理论与实践. 上海：上海大学出版社，1998.

[212] 梅英宝. 交通荷载作用下道路与软土复合地基共同作用性状研究 [D]. 杭州：浙江大学，2004.

[213] 邓学钧. 路基路面工程. 北京：人民交通出版社，2000.

[214] 汤连生，廖化荣，张庆华. 土的结构熵及结构性定量化探讨. 岩石力学与工程学报，2006，25(10): 1997–2002.

[215] Henkel D J, Wade N H. Plane Strain Tests on a Saturated Remolded Clay [J]. Soil Mech. Found. Div. 1966(92): 67–80.

[216] Barksdale R D. Compressive Stress Pulse Times in Flexible Ppavements for Use in Dynamic Testing [M]. Highway Research Record 345, Highway Research Board, 1971.

[217] Brown E T, Hoek E. Technical Note: Trends in Relationships between Measured in–situ Stresses and Depth [J]. Int. J. Rock Mech. Min. Sci. & Geomech. Abstr, 1978, 15: 211–215.

[218] 王祥铭. 路基土壤受反复载重作用下之累积永久变形研究 [D]. 中国台北：国立中央大学土木工程研究所，2001.

[219] 郑颖人，沈珠江，龚晓南.（广义塑性力学）岩土塑性力学原理 [M]. 北京：中国建筑工业出版社，2002.

[220] 杨光华. 岩土类材料的多重势面弹塑性本构模型 [J]. 岩土工程学报，1991，13(5): 81–92.

[221] 沈珠江. 土的弹塑性应力应变关系的合理形式 [J]. 岩土工程学报，1980，2(2): 10–17.

[222] 沈珠江. 黏土的双硬化模型 [J]. 岩土力学，1995，16(1): 1–8.

[223] 沈珠江. 关于破坏准则和屈服函数的总结 [J]. 岩土工程学报，1995，17(1): 1–8.

[224] 殷宗泽. 一个土体的双屈服面应力—应变模型 [J]. 岩土工程学报，1988，10(4): 64–71.

[225] 郑颖人. 土的多重屈服面理论模型 [M]// 塑性力学和细观力学文集. 北京: 北京大学出版社, 1992.

[226] 郑颖人, 陈长安. 理想塑性岩土的屈服准则与本构关系 [J]. 岩土工程学报, 1984, 6(5): 13−22.

[227] 杨光华. 建立弹塑性本构关系的广义塑性位势理论 [C]// 第三届全国岩土力学数值分析与解析讨论会论文集. 北京: 中国建筑工业出版社, 1988.

[228] 杨光华. 岩土类材料本构关系的势函数模型理论 [C]// 第四届全国岩土力学数值分析与解析讨论会论文集. 北京: 中国建筑工业出版社, 1991.

[229] 杨光华. 土体弹塑性本构模型的应变矢量加卸载准则 [C]// 第五届全国岩土力学数值分析与解析方法讨论会论文集. 武汉: 武汉测绘科技大学出版社, 1994.

[230] Abdelkrim M, De Buhan P, Bonnet G. A Computational Procedure for Predicting the Long Term Residual Settlement of a Platform Induced by Repeated Traffic Loading [J]. Computers and Geotechnics, 2003(30): 463−476.

[231] Prevost J H, Hoeg K. Soil Mechanics and Plasticity Analysis of Strain Softening [J]. G é otechnique, 1975(23): 279−297.

[232] Lade P V, Duncan J M. Elasto−plastic Stress−strain Theory for Cohesionless Soil. Proc [J]. ASCE, 1975, 101(10): 1037−1053.

[233] Lade P V. Elasto−plastic Stress−strain Theory for Cohesionless Soils with Curved Yield Surfaces [J]. Int. Jour. Solids and Structures, 1977(13): 1019−1035.

[234] Vermeer P A. A Double Hardening Model for Sand. Geotechnique, 1978, 28(4): 413−433.

[235] 殷宗泽, Duncan J M. 剪胀土与非剪胀土的应力应变关系 [J]. 岩土工程学报, 1984, 6(4): 24−40.

[236] Wang Z L, Dafalias Y F, Shen C K. Bounding Surface Hypoplasticy Model for Sand [J]. J. Engng. Mech. ASCE, 1990, 116(5): 983−1001.

[237] Manzari M T, Dafalias Y F. A Critical State Two−surface Plasticity Model for Sands [J]. Geotechnique, 1997, 47(2): 255−272.

[238] Wan R G, Guo P J. A Simple Constitutive Model for Granular Soils: Modified Stress−dilatancy Approach [J]. Computers and Geotechnics, 1998, 22(2): 109−113.

[239] Wan R G, Guo P J. A Pressure and Density Dependent Dilatancy Model for Granular Materials [J]. Soils and Foundations, 1999, 39(6): 1−12.

[240] Gajo A, Wood M D. Severn−Trent Sand: a Kinematic−hardening Constitutive Model: the q−p Formulation [J]. Geotechnique, 1999a, 49(5): 595−614.

[241] Li X S. A Sand Model with State-dependent Dilatancy [J]. Geotechnique, 2002, 52(3): 173–186.

[242] Perzyna P. Fundamental Problems in Viscoplasticity [J]. Rec. Adv. Apply. Mech., 1966(9): 243–377.

[243] Vermeer P A, De Borst R. Non-associated Plasticity for Soils, Concrete and Rock [J]. Heron, 1984, 29(3): 1–64.

[244] 章根德，韦昌富. 循环载荷下沙质土的本构模型 [J]. 固体力学学报，1998，19(4): 299–304.

[245] 冯淦清. 西部沿海高速公路台山段软土路基工后沉降分析 [J]. 广东公路交通，2007(3): 6–11.

[246] 魏汝龙. 软黏土的强度和变形 [M]. 北京：人民交通出版社，1987.

索 引